ESTRELLAS Y PLANETAS

ESTRELLAS Y PLANETAS

GUÍA DE MAPAS CELESTES Y CARTAS ESTELARES PARA LA OBSERVACIÓN DEL CIELO NOCTURNO

Ian Morison y Margaret Penston

BLUME

BLUME

Título original:
Pocket Guide to Stars and Planets

Diseño:
Geraldine Cupido
Steven Felmore

Traducción:
Dulcinea Otero Piñeiro

Revisión científica de la edición en lengua española:
David Galadí-Enríquez
Instituto de Astrofísica de Andalucía (CSIC), Granada

Primera edición en lengua española 2008

© 2008 Naturart, S.A. Editado por Blume
Av. Mare de Déu de Lorda, 20
08034 Barcelona
Tel. 93 205 40 00 Fax 93 205 14 41
e-mail: info@blume.net
© 2005 New Holland Publishers (UK) Ltd, Londres
© 2005 del texto Ian Morison, Margaret Penston
© 2005 de las ilustraciones Steven Felmore y Stephen Dew (página 68)
© 2005 de las fotografías, *véase* página 192

I.S.B.N.: 978-84-8076-738-5

Impreso en Singapur

LEYENDAS   Página 1: Lluvia meteórica de las Leónidas.
Página 2: Observatorio de Sutherland, provincia de El Cabo, Sudáfrica; sede del SALT (Southern
African Telescope). • Esta página: Representación de la sonda Voyager explorando el espacio
con la Vía Láctea de fondo. • Página siguiente: Fases de un eclipse de Luna.

CONTENIDO

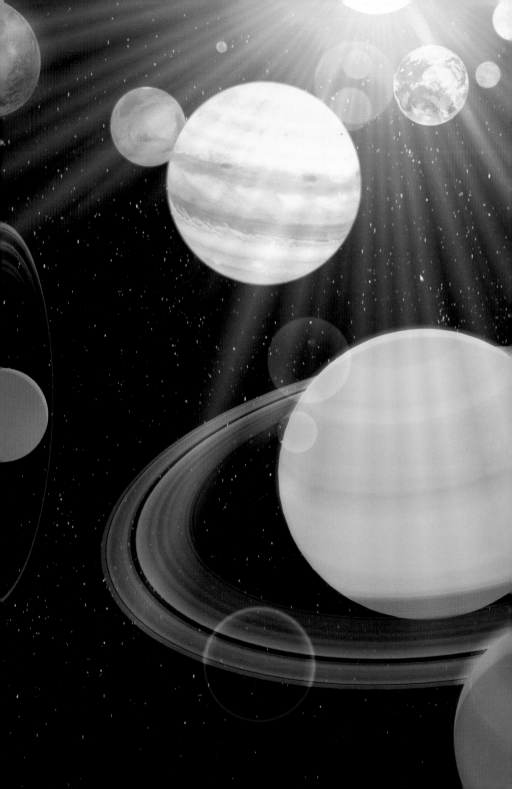

ATRACTIVO DE LA ASTRONOMÍA

Esta obra animará y ayudará al público lector a observar el firmamento. Con ella sabrá qué cabe esperar al contemplar los objetos del Sistema Solar, como la Luna y los planetas, los meteoros y los cometas. Aprenderá a orientarse por las constelaciones (de los hemisferios norte y sur) y hallará descripciones para localizar y observar 50 de los mejores objetos celestes, aquellos que integran la novedosa «Astronomical A-List». Encontrará recomendaciones sobre el telescopio idóneo y cómo sacarle el mejor partido. Y, por último, esta obra le aportará los fundamentos necesarios para entender de qué se compone el vasto universo que habitamos.

La astronomía como afición

La astronomía es una afición preciosa con múltiples facetas. Algunas personas disfrutan observando la Luna y los planetas, quizá incluso desde ciudades con una contaminación lumínica extrema; otras, en cambio, salen al campo en busca de los cielos más oscuros y rastrean galaxias tenues cuya luz ha viajado durante muchos millones de años hasta alcanzarnos. Mucha gente se une a las agrupaciones locales de astronomía y pasa muy buenos ratos con la camaradería que reina durante los encuentros conjuntos o la observación en grupo de eventos relevantes, como lluvias de meteoros, cometas brillantes y, recientemente, el mayor acercamiento de Marte desde hace 60.000 años, o el tránsito de Venus.

Éste es un momento excelente para iniciarse en la afición, y no tiene por qué resultar caro. Existe gran cantidad de telescopios de alta calidad a precios muy razonables. Además, disponemos de revistas estupendas y buen material en internet para sacarle el mejor provecho al tiempo de observación.

Superior *Unos prismáticos de 25x100 montados sobre un trípode para lograr una firmeza absoluta sirven como instrumento óptico excelente para contemplar el firmamento.*

Equipamiento básico

Sólo se precisan dos instrumentos básicos: un par de prismáticos y un telescopio. Unos buenos prismáticos no tienen que resultar caros y deben ser lo primero que se adquiera. Los telescopios tienen precios muy dispares y es muy posible que los principiantes cuenten con que un gasto considerable implique ver más. ¡Esto no es cierto! Cuando Marte experimentó en el año 2003 el máximo acercamiento a la Tierra de toda la historia registrada, todas las agrupaciones y observatorios astronómicos de aficionados se reunieron para presenciarlo. En el encuentro organizado por el Observatorio de Jodrell Bank del Reino Unido, hubo más de 30 telescopios y la mejor imagen de Marte se observó a través del segundo más barato, un newtoniano de 200 mm.

UNA ÚLTIMA CUESTIÓN

Si tiene posibilidad de formar parte de una asociación de astronomía, procure esperar antes de comprar un telescopio. Las agrupaciones suelen prestar telescopios que permiten adquirir cierta experiencia práctica y durante las observaciones en grupo hay ocasión de conocer qué ofrece cada tipo de telescopio (se describen en el capítulo 3). Eso ayudará a decidir cuál es el mejor para cada persona en particular.

Historia de la astronomía

Observación, no experimentación

En muchas ciencias, los científicos llevan a cabo experimentos con la intención de comprobar una hipótesis, de manera que, a partir del resultado, la hipótesis se demuestra o refuta (lo que tal vez conduzca a otros experimentos). En general, salvo en la superficie de un planeta como Marte, los astrónomos no cuentan con la posibilidad de realizar experimentos. Tienen que observar qué sucede en el universo y comprobar si las observaciones verifican sus teorías. Una observación puede dar lugar a una teoría nueva. De ahí que la astronomía se base en la observación, no en la experimentación. En los apartados siguientes veremos dos ejemplos de astronomía observacional en acción.

La demostración de la teoría copernicana por parte de Galileo Galilei

Aristóteles y Tolomeo creían que la Tierra ocupaba el centro del universo y que estaba rodeada por envolturas concéntricas que acarreaban los planetas, el Sol y las estrellas fijas. Mercurio parecía el que menos se movía por el cielo, de modo que tal vez residiera en la envoltura más próxima, seguido por Venus, el Sol, Marte, Júpiter y Saturno. Más allá de ellos yacían las estrellas fijas. En retrospectiva, no deberíamos menospreciar estas ideas, puesto que, si no fueran ciertas, entonces la Tierra tendría que rotar tan rápido que quienes moramos en la superficie nos moveríamos a una velocidad de 1.600 km/h. (Esta velocidad se obtiene para el ecuador, donde el recorrido es de 40.000 km en 24 horas. Al ale-

Derecha *Nicolás Copérnico.*
Superior derecha *Galileo Galilei.*

jarse del ecuador se debe multiplicar esa cifra por el coseno de la latitud.) Evidentemente, ¡en realidad no existía ninguna evidencia de ello!

El mayor problema asociado a esta teoría, y que saltaba a la vista en el caso de Marte, era que Aristóteles y Tolomeo creían que los movimientos planetarios sólo podían producirse en círculos perfectos. A Marte se le ve retroceder (retrogradar) durante parte de su recorrido por el firmamento (que normalmente discurre de oeste a este). Para conciliar esto y otros efectos menos manifiestos, Tolomeo supuso que los planetas se movían en pequeños círculos, denominados epiciclos; así, por ejemplo, Marte se desplazaba sobre un epiciclo cuyo centro se movía, a su vez, alrededor del círculo deferente centrado en la Tierra.

Copérnico, en cambio, propuso un universo centrado en el Sol, donde los planetas giraban a su alrededor. Esto suprimía en gran medida la necesidad de los epiciclos, porque el movimiento retrógrado de Marte se explicaba mediante el hecho de que, cuando la Tierra ocupa su posición más próxima a Marte, se mueve más deprisa que él y lo adelanta «por dentro», de manera que, visto desde la Tierra, Marte parece retroceder. (La teoría copernicana no eliminaba por completo, como suele pensarse, la necesidad de los epiciclos, puesto que las órbitas planetarias son elípticas, no circulares.) Galileo logró demostrar que la

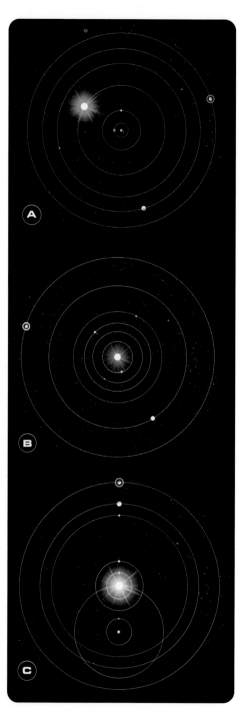

teoría copernicana era la correcta mediante las observaciones que realizó del planeta Venus con su pequeño telescopio. Dedujo que, si la teoría tolemaica hubiera sido correcta, Venus tendría que moverse sobre un epiciclo situado entre la Tierra y el Sol, de manera que el centro del epiciclo rotaría alrededor de la Tierra a la misma velocidad angular que el Sol. En tal caso, Venus permanecería bastante próximo (de modo que no cambiaría mucho de tamaño aparente) y, con el Sol siempre situado muy por detrás de él, todas las fases de Venus tendrían forma de media luna. Por el contrario, si la teoría correcta fuera la copernicana, entonces, cuando Venus se acercara a nosotros (situado entre la Tierra y el Sol), se mostraría bastante grande y con la fase de una fina lúnula, mientras que al contemplarlo al otro lado del Sol se vería más pequeño y con fase casi llena. Esto último fue exactamente lo que observó Galileo. ¡Copérnico tenía que estar en lo cierto!

Esta demostración de la teoría copernicana se consolidó tras la observación de que Júpiter está acompañado por cuatro satélites, ahora llamados satélites galileanos, que revelan que la Tierra no es el centro de todos los movimientos orbitales. Cualquiera puede comprobar estos hechos a lo largo de un año, de modo que, ¿por qué no hacer observaciones periódicas de Venus, aunque la superficie de este planeta no muestre ningún rasgo visible?

La teoría de la gravedad de Newton

Esta teoría se usó para explicar el movimiento de la Luna alrededor de la Tierra y el de los planetas alrededor del Sol. Por supuesto, si se persigue una teoría para predecir el movimiento de los planetas sobre sus órbitas se precisan datos experimentales que permitan contrastarla. Esos datos llega-

Izquierda *Modelos del Sistema Solar.*
A – Tolemaico (centrado en la Tierra).
B – Copernicano (centrado en el Sol).
C – Ticónico (Tierra fija, Sol móvil con los planetas en órbita alrededor de él).

ron como resultado de uno de los períodos más productivos de la historia de la astronomía observacional. Se obtuvieron bajo la supervisión de Tycho Brahe desde el observatorio llamado Uraniborg, construido en la isla danesa de Hven, situada al sur de Suecia, entre ésta y Dinamarca. (En la actualidad se llama Ven y pertenece a Suecia.)

Tycho Brahe, nacido en 1546, era hijo de un noble danés. A los quince años desarrolló un gran interés por la astronomía, aun cuando se suponía que estudiaría leyes, y con tan sólo 16 años ya realizaba sus propias observaciones de las posiciones de los planetas. Apreció errores en las tablas que predecían los movimientos planetarios y concluyó que él lo podría hacer mejor. ¡Luego se comprobó que estaba en lo cierto! En 1572, observó la «estrella nueva» que apareció en la constelación de Casiopea (hoy la denominaríamos una supernova). Sus observaciones revelaron que aquella «estrella» residía en el firmamento (en el reino de las estrellas distantes), y no se trataba de un mero fenómeno local adscrito al Sistema Solar. Desde entonces, a este astro se lo conoce como la supernova de Tycho. Tras aquellas observaciones, el rey de Dinamarca lo ayudó a fundar el observatorio de Hven, donde pasó 20 años dedicado a meticulosas observaciones de las estrellas y los planetas, de 1577 a 1597.

Esto sucedió antes de la invención del telescopio, pero el uso de instrumentos de observación que servían para medir el ángulo de altura de una estrella

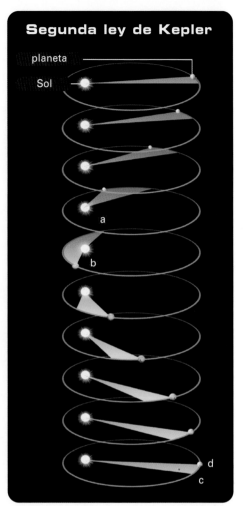

Superior *Representación de la segunda ley de Kepler de los movimientos planetarios alrededor del Sol.*
Superior izquierda *Isaac Newton (superior) y Tycho Brahe.*

a su paso por el meridiano (la línea norte-sur) y el instante en que lo hacía le permitieron confeccionar un catálogo de posiciones estelares con una precisión 10 veces mayor que cualquier medida anterior. Pero lo más relevante fue que durante este período cartografió el recorrido de los planetas por

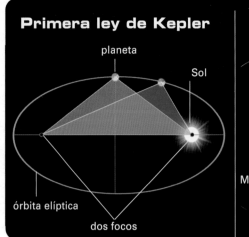

Primera ley de Kepler

planeta

Sol

órbita elíptica

dos focos

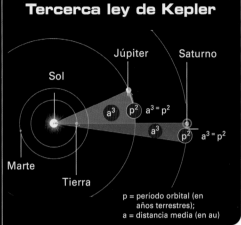

Tercerca ley de Kepler

Júpiter   Saturno

Sol

a^3 p^2 $a^3 = p^2$

a^3 p^2 $a^3 = p^2$

Marte

Tierra

p = período orbital (en años terrestres);
a = distancia media (en au)

el firmamento, unos datos de un valor importantísimo. Abandonó Hven en 1597 y, en 1599, se convirtió en matemático imperial del emperador Rodolfo II en Praga. Allí, en 1600, conoció a Johannes Kepler, a quien le encomendó la tarea de explicar las órbitas planetarias, una labor que lo mantuvo ocupado durante muchos años. Cuando Tycho Brahe falleció, en 1601, Johannes Kepler lo sucedió en el cargo de matemático imperial. A partir de los datos valiosísimos que le cedió Tycho, Kepler consiguió deducir sus tres leyes del movimiento planetario (*véase* pág. 13 y los esquemas de esta página). Las dos primeras leyes (los planetas orbitan alrededor del Sol siguiendo órbitas elípticas sobre las cuales barren áreas iguales en tiempos iguales) aparecieron publicadas en 1609, mientras que la tercera (el cuadrado del período orbital de cualquier planeta es proporcional al cubo de su distancia media al Sol) se publicó en 1619.

Isaac Newton, tal vez uno de los mayores científicos de todos los tiempos, conocía estas leyes del movimiento planetario cuando formuló su cé-

lebre ley de la gravedad. Su ley (la fuerza entre dos objetos es directamente proporcional al producto de sus masas dividido entre el cuadrado de la distancia que los separa) permite deducir con facilidad que las órbitas de los planetas deben ser elipses, tal como establece la primera ley de Kepler, y que sus períodos y distancias al Sol deben guardar la relación que estipula la tercera ley de Kepler. Esto otorgó a Newton la confianza necesaria para creer que su ley, deducida en un primer momento en relación con la Luna, tenía que regir también en las vastas distancias del Sistema Solar; de ahí que acabara llamándose ley de la gravitación universal de Newton.

Vemos, pues, que las observaciones precisas realizadas incluso con los instrumentos más simples pueden dar lugar a resultados cruciales. No es de esperar que los principiantes logren descubrimientos nuevos, pero la astronomía es una ciencia en la que las personas aficionadas pueden contribuir con auténticas aportaciones.

Superior izquierda *Johannes Kepler usó las observaciones planetarias de Tycho para inferir las órbitas de los planetas, y publicó las* Tablas Rudolfinas, *las cuales permitían calcular las posiciones que ocuparían los planetas en el firmamento.*

Un último comentario de estímulo

Una de las grandes atracciones de la astronomía como afición estriba en que el firmamento cambia sin cesar: el aspecto de los anillos de Saturno varía con el tiempo, el tamaño de la gran mancha roja de Júpiter aumenta o disminuye, las lluvias de meteoros tienen máximos y mínimos de actividad, y los ocasionales eclipses lunares revelan la belleza de una Luna teñida de tonos ocres y rojizos. Todos estos fenómenos se pueden observar año tras año, pero lo que de verdad confiere un carácter especial a esta afición son los eventos astronómicos y realmente excepcionales como los eclipses de Sol, un tránsito de Venus, o el paso de algún cometa brillante. En julio de 1994 fragmentos del cometa Shoemaker-Levy 9 impactaron contra la superficie de Júpiter y los aficionados a la astronomía vieron por sí mismos las gigantescas señales que dejaron en la superficie. ¡Aquella visión nos dejó a todos paralizados!

En raras ocasiones de cielo muy despejado y atmósfera muy estable llegamos a olvidarnos de que estamos mirando a través de un telescopio y casi da la impresión de estar fuera de la Tierra observando ¡desde el mismísimo espacio! Residimos en un universo dinámico y emocionante, y la afición a la astronomía consigue que nos sintamos parte de él.

Esta obra le brindará casi toda la información necesaria para iniciarse en esta afición. Pero sería difícil dar detalles precisos para la observación de los planetas; por ejemplo, qué momento es más propicio para ver Mercurio. Este tipo de información varía de un año para otro, y nunca podría incluirse información sobre eventos como el paso de un cometa brillante, porque esos objetos se descubren tan sólo con unos meses de antelación. Por tanto, estos datos deben buscarse en otro lugar.

Quien disponga de acceso a internet encontrará varias páginas en la red donde consultar cada mes qué planetas permanecerán visibles y dónde localizarlos, así como el anuncio de los eventos celestes más emocionantes, como los excepcionales tránsitos de Venus ante el disco solar. Dos de estas páginas (en inglés), para el hemisferio norte y el sur, respectivamente, son:

1. http://www.jb.man.ac.uk/public/nightsky.html
2. http://homepages.win.co.nz/creation/
   astronomy.html

Aunque la información básica se pueda hallar en internet, vale la pena comprar una revista mensual donde consultar información detallada sobre observaciones, así como artículos que servirán para incrementar de manera gradual el conocimiento de lo observado. En todo el mundo se venden muchas revistas excelentes y en diversos idiomas para los aficionados a la astronomía.

Un accesorio útil que conviene comprar es un planisferio (*véase* derecha), el cual permite saber qué se ve en cada momento de la noche y resulta muy práctico para planear un anochecer o una noche de observación. Otra herramienta de gran utilidad para planear observaciones es un atlas estelar de calidad.

Derecha *Un telescopio refractor permite divisar las montañas de la Luna, así como sus cráteres y las eyecciones arrojadas a su alrededor.*

2

ESTRELLAS
Y GALAXIAS

Si nos adentráramos muy lejos en el espacio y volviéramos la mirada hacia atrás, veríamos un disco plano formado por la luz de una miríada de estrellas. La mayoría de ellas ubicada en retorcidos brazos espirales que parecen unidos a un centro donde reside un bulbo esférico denominado núcleo. Es nuestra Galaxia. Llamamos Vía Láctea a la banda tenue de luz que divisamos en el firmamento desde la Tierra y que corresponde a la visión que tenemos de nuestra Galaxia desde la posición que ocupa el Sol en un brazo espiral situado a unos dos tercios de distancia del centro. En este capítulo describiremos muchos de los objetos que vemos pertenecientes a la Galaxia, así como las galaxias que existen más allá de ella.

Página anterior *La Vía Láctea (la Galaxia vista desde dentro) se muestra como una banda pálida de luz que serpentea por el cielo en noches oscuras. Los «huecos» que se aprecian se deben a nubes oscuras de polvo que residen en los brazos espirales.*

ESTRELLAS

Los nombres de las estrellas

Prácticamente toda la luz que permite que divisemos nuestra Galaxia procede de las estrellas, las más brillantes de las cuales trazan figuras en el cielo, que los antiguos agruparon en constelaciones con nombres como el Cisne (Cygnus) y Tauro (Taurus). Hoy se consideran 88 constelaciones que abarcan todo el cielo, cuyas fronteras y definiciones acordó la Unión Astronómica Internacional en 1932. Las estrellas visibles que conforman cada constelación portan como nombre una letra griega (*véase* pág. 25), las denominadas letras de Bayer, por lo común asignadas por orden de brillo, de manera que alfa (α) es la estrella más brillante, beta (β) la segunda más brillante, etcétera.

Dentro de cada constelación también se usan los números de Flamsteed para designar estrellas. En el catálogo de Flamsteed, las estrellas de cada constelación se enumeran de oeste a este hasta el límite de visibilidad del ojo humano (51 Pegasi, en la constelación de Pegaso, es un ejemplo que figura en la Astronomical A-List).

El brillo de las estrellas

Cuando se alza la mirada al firmamento nocturno se distinguen dos características en las estrellas observadas, el brillo y, en algunos casos, el color. En realidad, el brillo por sí solo no revela mucho acerca del astro, puesto que la intensidad aparente del mismo no sólo depende de cuánta luz emita, sino también de la distancia que lo separe de nosotros (en-

tre dos estrellas que emitan la misma cantidad de luz, la más lejana, por supuesto, se verá más débil). Si logramos medir cuánto dista una estrella de nosotros, podremos calcular cuánta energía emite, la cual se denomina luminosidad. Según se ha descubierto, la luminosidad varía enormemente de un astro a otro, de tal modo que las estrellas más brillantes superan en más de 50 mil veces al Sol, mientras que las más débiles rondan la centésima parte de su brillo. A simple vista sólo llega a detectarse el color de las estrellas más brillantes y podemos afirmar que Betelgueuse, en la constelación de Orión, tiene una marcada tonalidad rojo-anaranjado, al igual que Aldebarán, en Tauro. Capella, en Auriga, se ve muy amarilla, mientras que Rigel, en Orión, presenta un color blanquiazul. El color informa sobre la temperatura en la superficie de la estrella.

Las estrellas rojizas, como Betelgueuse, muestran una temperatura superficial bastante fría, de 3.500 K; las estrellas amarillas, como el Sol o Capella, rondan los 6.000 K, y las estrellas blan-

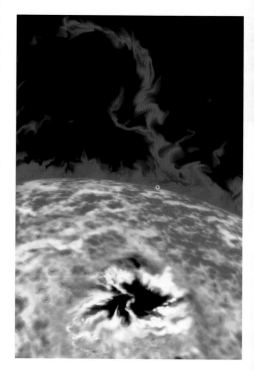

Derecha *El Sol es la estrella de la Tierra. En comparación con otras estrellas, el Sol presenta un brillo, una temperatura y un tamaño intermedios.*

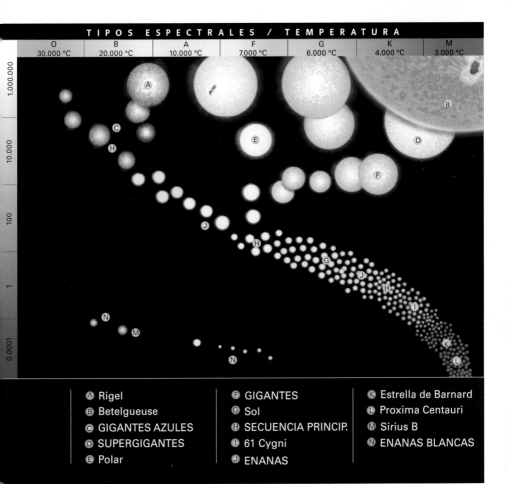

TIPOS ESPECTRALES / TEMPERATURA						
O 30.000 °C	B 20.000 °C	A 10.000 °C	F 7.000 °C	G 6.000 °C	K 4.000 °C	M 3.000 °C

- Ⓐ Rigel
- Ⓑ Betelgueuse
- Ⓒ GIGANTES AZULES
- Ⓓ SUPERGIGANTES
- Ⓔ Polar
- Ⓕ GIGANTES
- Ⓖ Sol
- Ⓗ SECUENCIA PRINCIP.
- Ⓘ 61 Cygni
- Ⓙ ENANAS
- Ⓚ Estrella de Barnard
- Ⓛ Proxima Centauri
- Ⓜ Sirius B
- Ⓝ ENANAS BLANCAS

quiazules, como Rigel, tienen temperaturas en superficie de unos 11.000 K.

Un horno nuclear

El brillo y el color de la superficie de una estrella dependen de cuánta energía reciba, procedente del interior del astro. Esta energía se libera porque la

fusión nuclear convierte elementos químicos ligeros en elementos más pesados en el núcleo de la estrella. Las estrellas se forman cuando nubes de gas y polvo se contraen por gravedad. A medida que el gas se comprime, aumenta la temperatura y, cuando alcanza unos 10 millones de grados en el centro, las reacciones nucleares pueden empezar a generar energía. Ha nacido una estrella. La presión producida por el horno nuclear basta para equilibrar las fuerzas gravitatorias que tienden a comprimir la estrella, y ésta se torna estable.

Superior *El diagrama Hertzsprung-Russell relaciona de forma gráfica la luminosidad de una estrella con su temperatura.*

1 La formación de una estrella comienza con nubes de gas y polvo.

2 Si sufren perturbaciones, las nubes se colapsan, y de la masa circundante se escinden grumos.

3 Los grumos más densos ejercen un empuje gravitatorio que atrae más gas y polvo.

4 La temperatura y la presión aumentan y desencadenan las reacciones nucleares. Se ha formado una protoestrella.

11 El núcleo de una estrella masiva puede colapsarse hasta ejercer una fuerza gravitatoria interna tan potente que ni siquiera la luz logre escapar de ella. Nos hallamos ante un agujero negro.

10 El núcleo se compacta en una estrella de neutrones que podrá percibirse como un púlsar.

9 En las estrellas masivas (más de 8 veces la masa solar), la fusión nuclear continúa hasta que se produce una potente explosión (una supernova).

8 El astro enfriado y envejecido alcanza la fase de gigante roja.

Las nubes de gas y polvo giran alrededor de la protoestrella central, más densa, y se compactan hasta formar un disco aplanado.

⑥ Las estrellas (en este caso, el Sol) se mantienen estables durante la mayor parte de su existencia quemando hidrógeno para convertirlo en helio.

Cuando la estrella agota todo su hidrógeno, ⑦ se expande y se enfría.

El ciclo de vida de las estrellas

En un principio, y durante la mayor parte de su existencia, las estrellas convierten hidrógeno en helio, pero, durante las etapas finales de su vida, el helio se convierte en carbono, oxígeno y otros elementos más pesados. Llegado este punto, la estrella se expande (el Sol llegará incluso a tragarse la Tierra) y la superficie se enfría, de manera que el astro se torna de color rojo o naranja. Como alcanzan tamaños tan grandes, estos objetos son muy luminosos y reciben el nombre de estrellas «gigantes rojas»; Aldebarán, en Tauro, es una de ellas. Las estrellas más masivas se tornan supergigantes rojas, como Betelgueuse, en Orión. En la etapa final de su existencia, las estrellas masivas explotan y los elementos que habían creado en su interior salen expulsados al espacio y forman nubes de polvo que llegan a impedir la visión de los objetos situados tras ellas (como en el caso del Saco de Carbón en la Cruz del Sur, Crux, un objeto de la Astronomical A-List; *véase* pág. 136). En el caso de estrellas extremadamente masivas, la fusión nuclear puede crear elementos de la tabla periódica hasta llegar al hierro (*véase* glosario), pero durante las explosiones descomunales que denominamos supernovas (como la nebulosa del Cangrejo en Tauro, otro objeto de la A-List) y que señalan el final de la existencia de la estrella, pueden llegar a formarse elementos más pesados aún, como plomo, oro y uranio.

A lo largo de miles de millones de años, el espacio que media entre las estrellas se enriquece con elementos pesados, de manera que cuando nacen estrellas nuevas hay suficiente material a partir del cual pueden formarse planetas como la Tierra y en los que puede aflorar la vida.

Izquierda *El nacimiento y la muerte de las estrellas es un proceso cíclico donde el gas y el polvo dejados por una generación de estrellas se convierten en la materia constitutiva de la siguiente generación.*

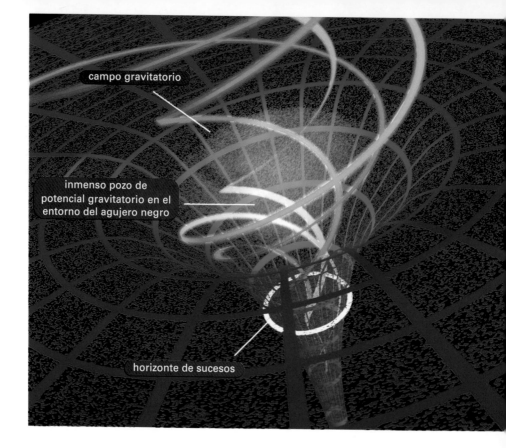

campo gravitatorio

inmenso pozo de potencial gravitatorio en el entorno del agujero negro

horizonte de sucesos

Púlsares y agujeros negros

Las estrellas dejan tras de sí remanentes de sus núcleos; las estrellas de masa semejante a la del Sol dejan una pequeña estrella «enana blanca» de un tamaño similar al de la Tierra. Éstas se hallan en el centro de nebulosas planetarias como la nebulosa Anular, en la Lira, y la nebulosa de la Haltera, en la Zorra, ambos objetos de la A-List. Las estrellas más masivas dan lugar a estrellas de neutrones, no mayores que una ciudad, pero con un peso superior al del Sol. En ocasiones, estos astros irradian pulsos de luz y ondas de radio a medida que rotan (a modo de faros interestelares) y se detectan como púlsares. En el seno del remanente de supernova de la nebulosa del Cangrejo, ya mencionada, hay uno. El núcleo

de las estrellas aún más masivas se colapsa tanto por efecto de la gravedad que acaba convertido en un agujero negro: una región del espacio con una atracción gravitatoria tan intensa que ni siquiera la luz puede escapar de ella.

Luminosidad y masa

La luminosidad de una estrella depende de su masa. Cuanto más masiva sea una estrella, más caliente se torna su núcleo y con mayor rapidez convierte el hi-

Superior *Representación artística de la formación de un agujero negro.*

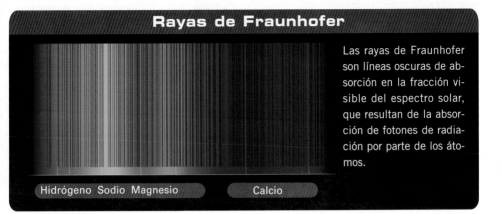

Rayas de Fraunhofer

Las rayas de Fraunhofer son líneas oscuras de absorción en la fracción visible del espectro solar, que resultan de la absorción de fotones de radiación por parte de los átomos.

Hidrógeno Sodio Magnesio   Calcio

drógeno en helio. Llega más energía a la superficie, lo que aumenta la temperatura y la estrella emite más calor y luz.

Una estrella masiva, con una masa 10 veces superior a la del Sol, emitirá unas 1.000 veces más energía que éste. La cantidad de hidrógeno disponible para fundir ronda el 10 % de la masa total del astro. Por tanto, la estrella masiva quemará combustible a un ritmo 1.000 veces más veloz que el Sol y, aunque cuente con una cantidad de combustible 10 veces mayor, su vida durará una centésima parte la del Sol. En consecuencia, las estrellas masivas tienen una existencia breve en comparación con el Sol, el cual vivirá unos 10.000 millones de años en total. Estas estrellas masivas con temperaturas en superficie muy elevadas (y apariencia blanquiazul) emiten luz ultravioleta capaz de excitar el gas circundante y hacerlo brillar. Como no viven mucho tiempo, se encuentran en regiones de formación estelar reciente. Estos objetos, como M42, en Orión, también incluido en la A-List, destacan en las tomas

Superior *Las rayas de Fraunhofer proporcionan información crucial sobre la composición química del Sol.*

EL ALFABETO GRIEGO			
α	alfa	ν	ni
β	beta	ξ	xi
γ	gamma	ο	ómicron
δ	delta	π	pi
ε	épsilon	ρ	ro
ζ	dseda	σ	sigma
η	eta	τ	tau
θ	zeta	υ	ípsilon
ι	iota	φ	fi
κ	cappa	χ	ji
λ	lambda	ψ	psi
μ	mi	ω	omega

fotográficas debido al precioso fulgor rosado y rojizo que desprende el hidrógeno excitado.

En cambio, comparadas con el Sol, las estrellas de poca masa queman el hidrógeno muy despacio y tienen vidas más largas que la edad actual del universo (unos 14 mil millones de años). Fulguran tenues con luz rojiza, motivo por el cual cuesta verlas cuando se hallan a grandes distancias de nosotros.

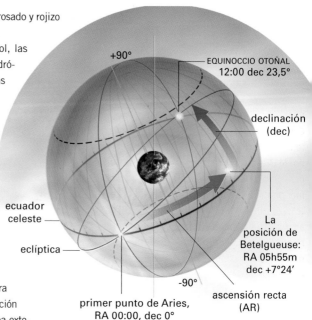

La clasificación de las estrellas

La superficie del Sol o de cualquier otra estrella se denomina fotosfera. La radiación del interior del astro atraviesa esta capa exterior fría que contiene todo el rango de elementos a partir del cual se formó la estrella. Estos átomos absorben luz de determinadas frecuencias (o colores), de manera que, al descomponer la luz de la estrella en los colores del espectro, se aprecian líneas oscuras allí donde determinados elementos han absorbido un color concreto.

Se las denomina líneas espectrales y, en el caso del Sol, suelen llamarse rayas de Fraunhofer (*véase* pág. 25), en honor a Joseph Fraunhofer, quien las observó en el espectro solar y propuso una interpretación correcta de su causa. El patrón que se observa en cada estrella depende de la temperatura en superficie, lo cual brinda un recurso para clasificar las estrellas de acuerdo con sus espectros.

El sistema actual (desarrollado en el observatorio de Harvard) clasifica las estrellas mediante una serie de letras por orden decreciente de temperatura. Los siete tipos principales son O, B, A, F, G, K, M (*véase* diagrama H-R de la pág. 21). Cada tipo se divide, a su vez, en subtipos, como desde G0 hasta G9, de tal modo que G0 corresponde a las estrellas más calientes y G9 a las más frías dentro del tipo G. El Sol es de tipo G2.

MEMORIZAR LOS TIPOS ESPECTRALES
Los tipos espectrales se recordarán mejor mediante la fórmula nemotécnica propuesta en su día por M. Rivera Jiménez: «Ojalá Bartolo Alcance Fama y Gane Kilos de Millones».

Cartografía estelar

Las posiciones de las estrellas se han plasmado sobre esferas o mapas estelares desde la antigüedad, a menudo acompañadas de las constelaciones. Se precisa un sistema de coordenadas idéntico al que ubica las ciudades sobre la superficie terrestre a través de la latitud y la longitud. En el caso de los astros, éstos se sitúan sobre una «esfera celeste» centrada en la Tierra. La prolongación de los polos norte y sur del planeta corta la esfera celeste en los polos norte y sur celestes, respectivamente, mientras que la proyección del ecuador terrestre hacia la esfera celeste define el ecuador celeste. La declinación (Dec) de una estrella (equivalente a la latitud) se mide en grados al norte o sur del ecuador celeste, de tal suerte que los polos norte y sur tienen declinación +90° y -90°, respectivamente. La segunda coordenada (equiparable a la longitud) se denomina ascensión recta (AR) y se mide hacia el este alrededor del ecuador celeste. Del mismo modo que se precisa un punto cero arbitrario para medir la longitud (el meridiano de Greenwich), también es indispensable algún cero para la ascensión recta. Éste se denomina primer punto de Aries y es el punto donde la eclíptica (el recorrido aparente del Sol por el firmamento) atraviesa el ecuador celeste en dirección norte durante el equinoccio vernal en el primer día de la primavera boreal. Bien podría pensarse que dicho punto se halla en la constelación de Aries, pero, si se localiza en un mapa estelar, sorprenderá ver que en la actualidad reside en la constelación de Piscis. Esto se debe a que el eje de rotación terrestre oscila como una peonza sólo que, en este caso, tarda unos 26.000 años en completar una revolución y, por tanto, no resulta tan manifiesto. Sin embargo, sí implica que las posiciones estelares cambien con el tiempo. Así, por ejemplo, dentro de varios siglos, la estrella Polar ya no servirá para indicar el polo norte. Ahí estriba la razón de que los mapas estelares tengan fecha, que se denomina época, de tal forma que los mapas estelares actuales se trazan para la época 2000.

La AR se suele medir en horas, minutos y segundos de 00:00 a 24:00. Una hora de AR, la distancia que rota la Tierra en una hora de tiempo, equivale a 15° en el ecuador.

Superior *El Sol (nuestra estrella), fotografiado en luz ultravioleta por la sonda SOHO, muestra penachos de gases calientes arqueados a lo largo de las líneas del campo magnético del Sol.*

> **Recuerde que:**
> un círculo completo = 360°
> 1° = 60 minutos de arco
> 1 minuto de arco (1') = 60 segundos de arco (60")

Los primeros intentos de estimar los grados que median entre los objetos celestes pueden resultar desalentadores.

Sin embargo, cabe destacar que una mano puede servir como escala de medición muy efectiva. Por ejemplo, el dedo índice con la mano extendida a la altura de la cara cubre alrededor de 1°; la mano abierta equivale a unos 20°, la distancia que separa las estrellas brillantes del Carro. Tanto el Sol como la Luna tienen un diámetro angular aproximado de 0,5°.

Página anterior superior *Una esfera imaginaria facilita a los astrónomos la cartografía celeste. La proyección del ecuador terrestre y los dos polos hacia la esfera señala el ecuador celeste y los polos norte y sur celestes.*

LAS MAGNITUDES ESTELARES

En los mapas estelares, las estrellas se representan mediante puntos cuyo tamaño aumenta para las estrellas brillantes simulando el aspecto del cielo. Los astrónomos de la antigüedad griega, como Hiparco, medían el brillo de las estrellas de acuerdo con una escala de magnitudes que iba desde 1 (para las más brillantes) hasta 6 (para las más débiles, que llegaban a divisarse a simple vista). En el siglo XIX, Norman Pogson mejoró la escala sobre una base matemática.

Las mediciones revelaron que las estrellas de primera magnitud eran unas 100 veces más brillantes que las de sexta magnitud, y se comprobó que la escala de magnitudes medida a ojo se correspondía con una escala logarítmica de intensidad. Así pues, Pogson definió que una diferencia de 5 magnitudes correspondiera exactamente a un factor 100 en brillo, lo que, en una escala logarítmica, implica que una diferencia de 1 magnitud equivale a un factor 2.512 veces en cuanto a brillo.

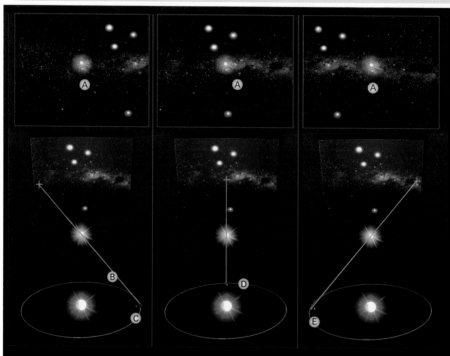

A Una estrella se observa en relación con un grupo reducido de estrellas.

B C Línea de visión (B) desde la posición (C) que ocupa la Tierra en su órbita alrededor del Sol. La estrella parece hallarse a la izquierda del grupo de estrellas.

C La Tierra ha avanzado sobre su órbita, de manera que la estrella observada aparece debajo del grupo de estrellas de comparación.

E Seis meses después de las observaciones, la Tierra se halla en el extremo opuesto de su órbita, y la estrella se ve a la derecha de las estrellas de comparación.

La distancia de las estrellas: paralaje estelar

Para determinar la luminosidad de las estrellas hay que conocer su distancia. Sin embargo, cuando se observa con (mucha) atención una pequeña porción de cielo mientras la Tierra viaja alrededor del Sol, las estrellas cercanas parecen desplazarse sobre una elipse minúscula en relación con las estrellas más distantes, y regresan a la posición celeste de partida al cabo de un año. Esto se denomina paralaje y se usa para medir la distancia a esas pocas estrellas lo bastante cercanas al Sol como para mostrar un desplazamiento ponderable. Incluso la paralaje de la estrella más cercana es extremadamente reducida.

La astronomía mide las distancias en pársecs; 1 pársec es la distancia a la que se halla una estrella cuya paralaje ascienda a 1 segundo de arco, es decir, la 1/3.600 parte de un grado. Un pársec corresponde a la distancia que recorre la luz en 3,26 años, de modo que equivale a 3,26 años-luz. La estrella más cercana al Sol es Proxima Centauri y tiene una paralaje de 0,76 segundos de arco, lo que corresponde a:

$$d = \frac{1}{p} = 1,3 \text{ pársec}$$
(donde la distancia es d y la paralaje es p)

Página anterior *Representación de la paralaje estelar para medir distancias a las estrellas.*

Paralaje espectroscópica

Para evaluar la distancia de las estrellas situadas más lejos que aquellas cuya paralaje directa se puede medir, se aplica un método indirecto basado en los tipos espectrales, de ahí el término paralaje espectroscópica. Se parte del supuesto de que todas las estrellas de, digamos, tipo F5 tienen la misma luminosidad intrínseca. Entonces, si hay una estrella de tipo F5 con paralaje conocida, y se observa una estrella más lejana, pero también de tipo F5, resultará sencillo determinar la distancia de la estrella más distante.

Pongamos que la estrella próxima se halle a 4 pársecs de distancia y que la estrella distante muestre un brillo 100 veces (5 magnitudes) más débil. A partir de la ley del inverso de los cuadrados sabemos que este último astro se hallará 10 veces más alejado (la raíz cuadrada de 100) y, por tanto, a una distancia de 40 pársecs. Este método permite medir distancias dentro de la Galaxia con el inconveniente de que el brillo aparente suele experimentar una reducción adicional debida al polvo interpuesto entre el astro y nosotros.

La unidad de distancia esencial para realizar estas mediciones dentro del Sistema Solar es la distancia media de la Tierra al Sol, denominada unidad astronómica, de ahí que constituya la base sobre la que se asientan todas las mediciones de distancia dentro del universo, donde 1 au = 149.597.870 km.

Curva de luz de las binarias eclipsantes

tiempo

brillo

Ⓐ Distintas posiciones orbitales de una estrella binaria

Ⓑ Imagen de una binaria eclipsante vista en perspectiva desde la Tierra.

Ⓒ La curva de luz cae cuando la estrella más brillante queda eclipsada por la más débil.

Ⓓ La curva de luz decrece cuando la estrella débil qued eclipsada por la brillante.

BRILLO APARENTE Y ABSOLUTO DE LAS ESTRELLAS

El brillo de las estrellas que se aprecia a simple vista y aparece en los mapas celestes se denomina brillo aparente, y depende tanto del brillo real del astro como de su distancia. Si pudiéramos alinear todas las estrellas a la misma distancia de la Tierra, las que se vieran más brillantes también lo serían si nos basáramos en hechos reales, y viceversa. Así que, imaginemos que alineamos todas las estrellas a 10 pársecs (36,2 años-luz) de nosotros. Pues bien, el brillo que mostrarían las estrellas se llama brillo absoluto. Si una estrella observada se encontrara a menos de 10 pársecs, el brillo absoluto sería inferior al brillo aparente, puesto que, mentalmente, la hemos acercado, mientras que, si distara más de 10 pársecs, habría que acercarla a nosotros, y su brillo absoluto sería mayor que el brillo aparente.

Sistemas estelares múltiples

A veces, en los mapas celestes detallados se reproducen estrellas superpuestas. Esto indica que se trata de una estrella doble o múltiple. En ocasiones se debe a que dos estrellas situadas a distinta distancia de nosotros parecen estar muy próximas en el espacio, en cuyo caso las llamamos dobles ópticas. A menudo, las estrellas dobles son pares de estrellas unidas por la gravedad que se orbitan entre sí alrededor de un centro de gravedad común. Son habituales en la Galaxia. Alrededor de la mitad de las estrellas semejantes al Sol cuentan con una o más compañeras. Albireo, en el Cisne (Cygnus), y dentro de la A-List, conforma uno de esos sistemas binarios. A veces, en lo que parecen ser dos estrellas, una (o más) de ellas se revela compuesta por dos astros, de modo que las denominamos sistemas estelares múltiples. El sistema estelar de la A-List épsilon Lyrae, la doble doble de la Lira, cuenta con cuatro estrellas, mientras que el sistema estelar de Cástor, en Géminis (Gemini), también incluido en la A-List, consiste en seis estrellas.

Binarias eclipsantes

Las estrellas de muchos sistemas estelares binarios se hallan demasiado próximas entre sí como para verlas por separado, pero, si su órbita se alinea de manera favorable para nosotros, a veces una de las estrellas pasa por delante de la otra y hace que el brillo del par disminuya durante un intervalo de tiempo breve. La curva de luz típica de estas binarias eclipsantes (*véase* pág. 30) muestra un fulgor casi constante durante buena parte del ciclo y uno o dos descensos manifiestos cuando una estrella transita ante la otra. La forma de los descensos (si son breves, intensos o amplios y leves) puede aportar mucha información sobre las estrellas involucradas. La estrella Algol en Perseo (Perseus), y en la A-List, representa un ejemplo excelente de binaria eclipsante.

Binarias espectroscópicas

Si una estrella constituye un sistema binario real, incluso aunque ambos astros no se vean como tales, también se puede inferir a partir de la observación del espectro. El movimiento de una estrella alrededor de otra induce un desplazamiento Doppler (*véase* glosario) en las líneas espectrales. Estos pares estelares se denominan binarias espectroscópicas por el modo en que se las detecta. Las tres «estrellas» que conforman el sistema ya mencionado de Cástor son, a su vez, binarias espectroscópicas.

Estrellas variables

Algunas estrellas aparecen representadas en los mapas celestes mediante un punto dentro de un anillo. Esto indica que se han observado cambios de brillo en estos astros, y reciben el nombre de estrellas variables. El brillo de estas estrellas también se expresa como una función de tiempo para obtener lo que se denomina una curva de luz. La forma de la curva de luz tiene importancia para diferenciar la causa de la variabilidad. Algunas estrellas fluctúan con un ciclo regular y repetitivo: son las variables periódicas. Otras estrellas son mucho menos predecibles y pueden experimentar incrementos o descensos de brillo poco o nada previsibles. Algunos astros muestran incluso ambos tipos de actividad. Las estrellas también pueden acusar cambios de brillo cuando conforman binarias o sistemas estelares múltiples y las componentes se eclipsan entre sí, como en el caso de Algol, mencionado con anterioridad.

Variables intrínsecas

Cuando las estrellas alcanzan los últimos estadios de contracción, atraviesan la fase denominada T-Tauri, caracterizada por una emisión de luz de una variabilidad extrema. Con el tiempo se estabilizan y pasan la mayor parte de su existencia en un estado más o menos constante. Hacia el final de su vida, cuando ya han convertido en helio todo el hidrógeno y se desencadenan reacciones para crear elementos más pesados, vuelven a tornarse muy variables.

Variables pulsantes cefeidas

Las estrellas variables cefeidas son muy luminosas y cuentan con un patrón regular de variación de luz; primero alcanzan el brillo máximo y después se desvanecen hasta alcanzar el mínimo de brillo. Este ciclo se repite a lo largo de un intervalo temporal muy estable. Deben su nombre a la estrella prototipo de esta clase, delta (δ) Cephei, aunque la primera que se descubrió fue eta Aquilae, incluida en la A-List. Estos astros se cuentan entre los más brillantes de todos. Se ha demostrado que el período de las variaciones de brillo es proporcional a la luminosidad, de modo que la medición del pico de brillo y del pe-

La Vía Láctea, esa banda de luz que vemos serpentear por el cielo en noches oscuras y transparentes, revela que residimos en un confín de la Galaxia. Su luz procede de miríadas de estrellas tan concentradas que la vista no logra resolverlas en puntos individuales de luz.

Esta banda de luz no es uniforme; su brillo y extensión aumentan en las proximidades de la constelación de Sagitario, lo que indica que en esa dirección se mira hacia el centro galáctico. El polvo expulsado por estrellas hacia el final de su existencia impide observar en luz visible más de una décima parte de la distancia que nos separa del centro. Sin embargo, en luz infrarroja podemos acceder justo hasta el centro. En la dirección opuesta del cielo, la Vía Láctea es menos evidente, lo que implica que vivimos en un extremo. Además, el hecho de que veamos una banda de luz revela que las estrellas, el gas y el polvo que integran la Galaxia forman la figura de un disco plano. El mayor constitutivo «visible» de la Galaxia, alrededor del 96 %, consiste en estrellas, mientras que el 4 % restante se reparte entre gas (alrededor del 3 %) y polvo (alrededor del 1 %). En este caso, visible significa que esos constitutivos se detectan mediante radiación electromagnética. Tal y como se comentará más adelante, los astrónomos sospechan que la Galaxia cuenta con otro componente adicional e indetectable denominado materia oscura.

ríodo de una estrella variable cefeida observada en una galaxia distante permite calcular a qué distancia se encuentra.

Variables cataclísmicas

Estas estrellas experimentan cambios de brillo repentinos e impredecibles. Se trata de sistemas binarios apretados, donde, en un principio, una componente ha terminado su vida como enana blanca en órbita alrededor de una estrella normal. Cuando la compañera evoluciona hasta convertirse en gigante roja, su atmósfera exterior aumenta hasta alcanzar tales dimensiones que el tirón gravitatorio de la enana blanca en las capas externas de la compañera arrastra material hacia la enana blanca y causa una erupción. El flujo irregular de material desde la gigante roja a la enana blanca da lugar a estallidos o explosiones de duración variable.

Superior *Interpretación artística de un par estelar formado por una estrella anaranjada fría y una estrella blanca caliente que constituyen un sistema binario eclipsante.*

Cúmulos estelares

Contra el fondo de la Vía Láctea y el fondo general de estrellas se detectan concentraciones estelares. Se las denomina cúmulos y los hay de dos clases.
• Los **cúmulos abiertos** son agrupaciones de estrellas situadas en el plano de la Galaxia. Un ejemplo

bien conocido lo representan las Pléyades, objeto de la A-List. Los miembros más brillantes del cúmulo son estrellas luminosas azules de tipo B, es decir, estrellas masivas en la fase evolutiva de combustión del hidrógeno. En el firmamento forman un grupo apretado fácil de apreciar a simple vista en la constelación de Tauro.

Es prácticamente imposible que una estrella se forme de manera aislada, de modo que las estrellas siempre surgen en grupos de cientos o miles. Con el tiempo, las estrellas tienden a separarse del resto, pero, mientras son jóvenes, se mantienen bastante próximas entre sí y forman los cúmulos abiertos. Existen varios cúmulos más en la A-List.

• Los **cúmulos globulares** tienen forma esférica y albergan varias decenas, millares o incluso millones de estrellas. Se trata de sistemas formados por estrellas muy viejas que se gestaron hacia la misma época que la propia Galaxia y se hallan alrededor de ella, en lo que se denomina el halo galáctico, así como en el bulbo central.

Se conocen unos 150 cúmulos globulares, de los cuales, los objetos omega (ω) Centauri, incluido en la A-List y visible como una mancha difusa en el firmamento austral, y M13, en Hércules, constituyen dos de los ejemplos mejores.

Inferior *El cúmulo doble NGC 1850 en la Nube Mayor de Magallanes. Alrededor de las estrellas hay una masa de gas difuso que los científicos atribuyen a la explosión de estrellas masivas.*

Nebulosas y el medio interestelar

En conjunto, el gas y el polvo que pululan entre las estrellas conforman lo que se denomina medio interestelar (MIE). En su mayoría no se muestran a la vista, pero en algunas regiones se aprecian nebulosas de emisión, donde el gas fulgura, y nebulosas oscuras, donde una nube de polvo se perfila contra una región brillante de la Galaxia. Uno de los ejemplos más espectaculares de nebulosa de emisión lo encarna la nebulosa de Orión (M42, un objeto de la A-List), una región de formación estelar donde la luz ultravioleta emitida por estrellas muy calientes y jóvenes, que forman el Trapecio del interior, excita el gas hidrógeno.

Un ejemplo de nebulosa oscura lo encontramos en el Saco de Carbón, superpuesto a la Vía Láctea cerca de la Cruz del Sur (Crux). En ocasiones, el polvo se detecta porque esparce la luz de estrellas próximas y, entonces, recibe el nombre de nebulosa de reflexión. Cerca de la estrella Mérope, de las Pléyades, hallamos un ejemplo excelente que brilla con tono azul en parte debido a que la luz de esta estrella de temperatura elevadísima también es azul, pero también porque el polvo esparce con más facilidad la luz azul que la luz roja (la misma razón que torna azules nuestros cielos).

Dimensiones y estructura de la Galaxia

El tamaño de la Galaxia fue medido por primera vez por Harlow Shapley, quien usó variables cefeidas para evaluar la distancia de 100 cúmulos globulares vinculados a la Galaxia. Así descubrió que seguían una distribución esférica, cuyo centro debía ser, lógicamente, el de la Galaxia, y dedujo que el Sol dista de él unos 30.000 años-luz. El diámetro de la Galaxia ronda los 100.000 años-luz. El elemento más común del universo, el hidrógeno, nos brindó una vía para estudiar la estructura espiral de la Galaxia. El hidrógeno neutro (HI) emite en una línea espectral radioeléctrica con una longitud de onda específica. Las observaciones radioeléctricas de esta línea a lo largo del plano de la Galaxia revelan que el gas del disco se concentra en nubes. Tras determinar la velocidad mediante el desplazamiento Doppler, estos datos se emplean para trazar la posición de las nubes de gas; entonces, emerge un patrón de brazos espirales que indica que residimos en una galaxia espiral típica. Ahora se cree que el Sol dista 28.000 años-luz del centro galáctico, y las mediciones espectroscópicas para observar su movimiento en relación con los cúmulos globulares (prácticamente fijos en el espacio) permiten calcular que el Sol se desplaza alrededor del centro de la Galaxia a unos 200 km/s, por lo que invierte unos 250 millones de años terrestres en cada revolución completa. Las partes centrales de la Galaxia parecen rotar como un cuerpo sólido, de manera que la velocidad de rotación aumenta a medida que nos alejamos del cen-

Superior *En la nebulosa NGC 3603 se reproduce un ciclo de vida estelar, la cual comienza con los pilares de gas que ocultan estrellas embrionarias, y continúa con estrellas jóvenes con discos, estrellas masivas inmersas en el cúmulo con formación estelar eruptiva. La supergigante azul señala el final del ciclo.*

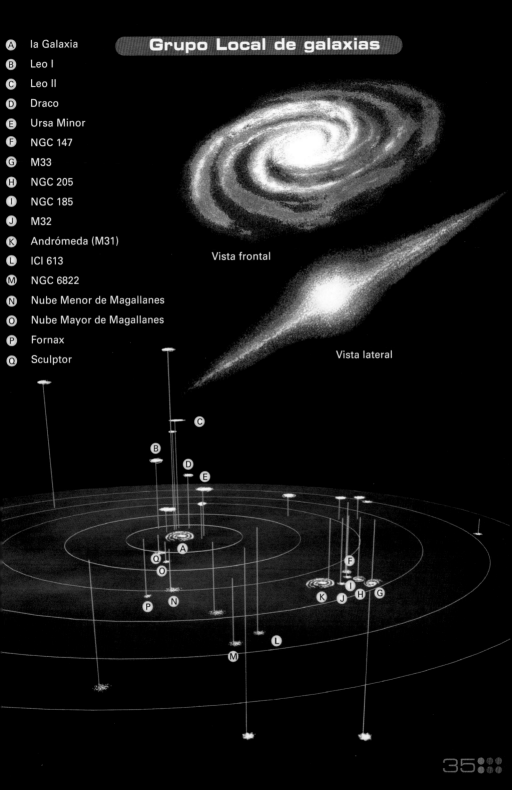

Grupo Local de galaxias

A la Galaxia
B Leo I
C Leo II
D Draco
E Ursa Minor
F NGC 147
G M33
H NGC 205
I NGC 185
J M32
K Andrómeda (M31)
L ICl 613
M NGC 6822
N Nube Menor de Magallanes
O Nube Mayor de Magallanes
P Fornax
Q Sculptor

Vista frontal

Vista lateral

tro. En regiones más externas, la rotación se reduce y las estrellas tienen años galácticos más largos; la representación de la velocidad de rotación en relación con la distancia al centro da lugar a la denominada curva de rotación galáctica.

Curva de rotación galáctica

El modo en que las estrellas rotan alrededor del centro de la Galaxia se ha revelado difícil de desentrañar debido a dos problemas significativos. El primero guarda relación con la estructura espiral. Si el Sol ha dado unas 20 vueltas alrededor del centro galáctico a lo largo de su existencia, ¿por qué no han desaparecido los brazos espirales? La respuesta se insinúa en una pista visual. Los brazos espirales observados en otras galaxias destacan porque albergan muchas estrellas azules brillantes, y no olvidemos que una sola estrella muy caliente puede brillar como 50.000 soles como el nuestro. Como estas estrellas viven muy poco tienen que ser jóvenes, de modo que la estructura espiral que vemos ahora no es la misma del pasado.

Tal y como planteó por primera vez el astrónomo sueco Bertil Lindblad, los brazos espirales parecen transitorios y originados por una onda de densidad en espiral que rota alrededor del centro de las galaxias, una ola que recorre el sistema estelar en redondo a través del polvo y el gas. Esta onda comprime el gas a su paso y desencadena el colapso de nubes de gas, lo que da lugar a la formación de las estrellas azules y masivas que perfilan los brazos espirales. Las estrellas jóvenes azules indican el lugar que acaba de atravesar la onda, pero a su paso dejará también una miríada de estrellas más longevas (y menos brillantes) que conforman un disco más uniforme.

Materia oscura en la Galaxia

El segundo problema estriba en que cabría esperar que la velocidad de rotación de las estrellas alejadas del centro disminuyera con la distancia, tal y como les sucede a los planetas del Sistema Solar. Este hecho se basa en el supuesto de que los efectos gravitatorios en las estrellas más exteriores provienen tan sólo de la masa que se ve.

Pero, en realidad, la velocidad de rotación tiende a permanecer bastante constante y arroja una curva de rotación plana en lugar de descendente. Los movimientos observados en las estrellas exteriores sólo se pueden conciliar con la hipótesis de que toda la Galaxia se encuentra inmersa en un halo de lo que se denomina materia oscura (que no emite ninguna radiación que permita detectarla) con una masa total varias veces mayor que la materia visible en el seno de la Galaxia.

Aunque hay algunas ideas acerca de la composición de esta materia oscura (los físicos han propuesto partículas exóticas como axiones, es decir, partículas elementales neutras y las partículas masivas débilmente interactivas o WIMP, del inglés Weakly Interacting Massive Particles), aún no se ha detectado nada a pesar de la intensidad de la búsqueda.

Otras galaxias

Cabe destacar que las galaxias, al principio llamadas nebulosas blancas, se han observado durante cientos de años, pero hasta los albores del siglo pasado no se resolvió el dilema de si formaban parte o no de nuestra Galaxia. Esto se logró, sobre todo, cuando la observación de variables cefeidas permitió medir su distancia.

Aquellas nebulosas son, por supuesto, objetos externos a la Galaxia y ahora se sabe que pueblan todo el universo.

Las galaxias se clasifican en una serie de tipos que, a su vez, se subdividen siguiendo un esquema desarrollado por primera vez por Edwin Hubble. A medida que se descubrían más y más galaxias, se supo que se concentran en una serie de agrupaciones de decenas de miles de miembros de formas y masas diversas.

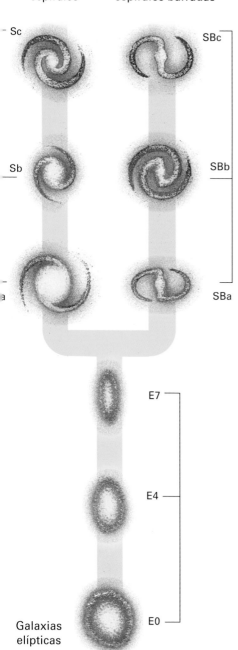

Galaxias espirales

Galaxias espirales barradas

Sc

SBc

Sb

SBb

a

SBa

E7

E4

E0

Galaxias elípticas

CLASIFICACIÓN DE LAS GALAXIAS: EL «DIAPASÓN» DE HUBBLE:

Tipo E0 – M87
Galaxia esférica gigante en el núcleo del cúmulo de Virgo (*véase* la A-List); intensa radiofuente cuyo núcleo parece estar ocupado por un agujero negro masivo (una circunstancia que en la actualidad se cree común a todas las galaxias).

Tipo E4 – M49
Otra galaxia elíptica gigante, aunque más alargada, del cúmulo de Virgo; está formada por estrellas de población II y hace mucho tiempo que no experimenta formación estelar.

Tipo E6 – M110
Galaxia elíptica muy alargada compañera de M31.

Tipo Sa – M104
La galaxia Sombrero de la A-List cuenta con un núcleo muy sobresaliente rodeado por brazos espirales muy curvados.

Tipo Sb – M31
La galaxia de Andrómeda (*véase* la A-List) posee un núcleo de tamaño medio con brazos espirales muy ceñidos a su alrededor.

Tipo Sc – M51
La galaxia Remolino, en la A-List, tiene un núcleo pequeño y brazos espirales abiertos.

Tipo SBa – M83
Los cerrados brazos espirales de M83, situada en la Hidra, se despliegan a partir de una barra que atraviesa el núcleo prominente.

Tipo SBb – M95
Esta galaxia, incluida en la A-List y situada en Leo, tiene una barra muy sobresaliente que sale desde el núcleo.

Tipo SBc – M109
M109, situada en la Osa Mayor, cuenta con brazos espirales abiertos y un núcleo pequeño con una barra extensa.

Clases de galaxias

Galaxias elípticas

Tienen una forma elipsoidal muy similar a la de un balón de rugby. Oscilan desde las que muestran una forma prácticamente circular, llamadas E0 por Hubble, hasta las denominadas E7, de aspecto muy alargado. Una cuestión interesante es que las galaxias elipsoidales no parecen albergar estrellas jóvenes. Los procesos de formación estelar parecen haber cesado porque todo el gas disponible se empleó en crear estrellas en el pasado.

En el centro de los cúmulos grandes de galaxias suelen observarse una o más galaxias elípticas, con una masa unas nueve veces superior a la de nuestra Galaxia y que probablemente resultaron de la fusión de otras muchas, más pequeñas; éstas son las galaxias más masivas de todas, pero escasean. Mucho más comunes son las galaxias elípticas, con unos pocos millones de masas solares concentrados en un volumen de varios miles de años-luz de diámetro.

Galaxias espirales

Al igual que la Galaxia, éstas tienen una estructura espiral plana. Edwin Hubble las clasificó primero en cuatro tipos: S0, Sa Sb y Sc. Las galaxias S0 cuentan con un núcleo muy grande y brazos espirales muy apretados y difíciles de ver. A medida que se va avanzando hasta la clase Sc, los núcleos se van tornando más reducidos y los brazos más abiertos. En muchas galaxias espirales, los brazos parten de ambos extremos de una barra central. Estas galaxias se denominan espirales barradas y se las cataloga como SBa, SBb y SBc.

Galaxias irregulares

Un pequeño porcentaje de galaxias no presenta ninguna forma clara y se las clasifica como irregulares. Un ejemplo lo constituye la Nube Menor de Magallanes (NMeM). La Nube Mayor de Magallanes (NMaM), también suele clasificarse igual. Estas galaxias pequeñas no son muy brillantes, de modo que no se divisan muchas, pero, en realidad, deben constituir la clase más común. Contienen suficiente gas para permitir la formación estelar, pero bastante menos polvo que el detectado en la Galaxia. Tanto la NMaM como la NMeM se incluyen en la A-List. La NMaM alberga una de las mayores regiones de formación estelar observables, un objeto que también consta en la A-List y que se conoce como 30 Doradus o nebulosa Tarántula, en la constelación de la Dorada.

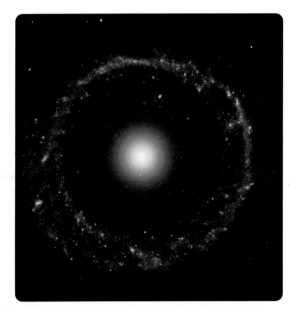

Izquierda *Un anillo azul forma una girándula alrededor de una galaxia amarilla de estrellas más viejas; se denomina objeto de Hoag.*
Página siguiente *La galaxia Remolino (también conocida como M51 y NGC 5194) es una galaxia espiral clásica.*

Galaxias con formación estelar eruptiva

Estas galaxias emiten unas cantidades de luz infrarroja y ondas de radio superiores a las habituales. Como consecuencia, se tornaron evidentes cuando se realizaron estudios de cielo con telescopios de infrarrojos. Un ejemplo cercano se halla en la galaxia M82, un objeto de la A-List situado a 12 millones de años-luz en la constelación de la Osa Mayor (Ursa Major). Da la impresión de que un encuentro cercano con M81, su vecina en el espacio, ha desencadenado un episodio brusco de formación estelar. La radiación procedente de estrellas jóvenes calienta el

Inferior *La galaxia espiral barrada NGC 1512 está llena de cúmulos de estrellas jóvenes que abarcan 2.400 años-luz de diámetro.*

polvo de esta galaxia, con lo que causa la emisión infrarroja. Entre las estrellas recién nacidas habrá un grupo pequeño de estrellas muy masivas que evolucionarán deprisa y fenecerán en explosiones espectaculares de supernova.

Galaxias activas

Son galaxias donde ciertos procesos acaecidos en su interior las hace desviarse de la tendencia normal de las galaxias, sobre todo por la cantidad de emisiones de radio que producen. En el centro de la Galaxia reside una de las radiofuentes más potentes de todo el sistema estelar. Pero Sgr A* sería demasiado débil para observarlo desde una galaxia distante, de modo que nuestra Galaxia se consideraría «normal». Sin embargo, algunas galaxias envían emisiones de radio mucho más vastas y brillan como faros en medio del universo (y, como la mayoría del exceso de emisión se

localiza en la parte radioeléctrica del espectro, se las denomina radiogalaxias). Otras producen exceso de emisiones de rayos X y, en su conjunto, se las denomina galaxias activas. Aunque son bastante raras, en su interior también se producen, como es natural, procesos energéticos que las convierten en objetos interesantes para el estudio astronómico.

A menudo, el brillo de las galaxias activas varía a intervalos temporales medidos en cuestión de horas. Como ningún objeto puede cambiar más deprisa que el tiempo que tarde la luz en atravesarlo, esto significa que el tamaño de la región emisora no puede ser mayor que unas pocas horas-luz, el tamaño del Sistema Solar. Por tanto, parece que la radiación procede de un espacio muy reducido ubicado en el centro de la galaxia y que denominamos núcleo activo (o AGN, del inglés Active Galactic Nucleus).

NOTA

Los astrónomos consideran que en el centro de todas las grandes galaxias elípticas y espirales reside un agujero negro supermasivo con varios miles de millones de masas solares. En la inmensa mayoría de las galaxias permanecen inactivos, pero en algunas hay materia que se precipita hacia el interior del agujero negro, lo que alimenta los procesos que dan lugar a emisiones de rayos X y de radio. Las galaxias activas M87, en Virgo, y Centaurus A, en el Centauro, se cuentan entre los objetos de la A-List.

Superior *Esta imagen compuesta de la galaxia Sombrero es uno de los mosaicos más grandes del Hubble que se han montado jamás, y se publicó para celebrar el quinto aniversario del equipo Hubble Heritage. La imagen se confeccionó a partir de seis fotografías.*

Grupos y cúmulos de galaxias

pletan el conjunto. Es muy posible que existan más galaxias del grupo ocultas tras las nubes oscuras de la Vía Láctea, que oscurecen más del 20 % del firmamento.

El Grupo Local

La mayoría de las galaxias se reúne en grupos que suelen albergar unas diez galaxias, o en cúmulos formados hasta por varios miles de miembros. La Galaxia pertenece a lo que se conoce como el Grupo Local (*véase* pág. 35), consistente en unas 40 galaxias concentradas en un volumen de espacio con un diámetro de tres millones de años-luz. La Galaxia es una de las tres espirales, junto con M31 en Andrómeda y M33 en el Triángulo (ambos objetos de la A-List), que dominan el grupo y albergan la mayor parte de su masa. M31 y la Galaxia tienen tamaños masas comparables, y la atracción gravitatoria mutua las está acercando entre sí, de modo que en varios miles de millones de años bien podrían fusionarse para dar lugar a una galaxia elíptica. El grupo cuenta con muchas galaxias elípticas enanas y también hay diversas galaxias irregulares extensas como la Nube Mayor y la Nube Menor de Magallanes, a las que se suma un mínimo de 10 galaxias irregulares enanas que com-

Supercúmulos

Los cúmulos pequeños y los grupos de galaxias parecen conformar estructuras a escalas aún mayores. Éstas se conocen como supercúmulos y tienen unas dimensiones globales que rondan los 300 millones de años-luz (100 veces el tamaño del Grupo Local). Por lo común, cada supercúmulo está dominado por un cúmulo muy rico, rodeado por una serie de grupos menores. El Supercúmulo Local está dominado por el cúmulo de Virgo (llamado así porque sus galaxias se ven en la dirección de la constelación de Virgo), formado por más de 2.000 galaxias. El Supercúmulo de Virgo, como se denomina a menudo, tiene la forma de una elipse plana de unos 150 millones de años-luz de extensión, cuyo centro lo ocupa el cúmulo de Virgo, mientras que el Grupo Local reside en uno de sus extremos. El mapa de la A-List para la constelación de Virgo ilustra esta re-

gión, llamada el «reino de las galaxias» y situada hacia el centro de nuestro supercúmulo. Estos supercúmulos se encuentran en todo el universo, el cual presenta una estructura en forma de esponja y donde los cúmulos de galaxias rodean huecos libres del espacio llamados vacíos, los cuales se cree que son producto de la acción de la gravedad sobre las ligeras variaciones de densidad dejadas por la Gran Explosión que dio lugar al universo.

La actuación de las fuerzas fundamentales de la materia sobre el hidrógeno y el helio que se formaron durante la Gran Explosión creó numerosos objetos diversos y a menudo preciosos. Esperamos que los capítulos que restan de esta obra faciliten su localización y observación para que pueda contemplar por sí mismo algunas de las maravillas del universo.

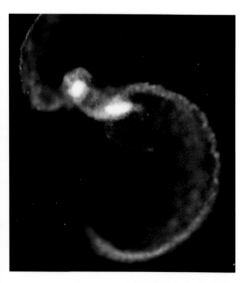

Superior *Antares, alfa (α) Scorpii, y ro (ρ) Ophiuchi iluminan el gas y el polvo circundante de la Vía Láctea en el hemisferio sur.*
Izquierda *Esta imagen científica espectacular de dos galaxias en colisión fue creada por el Space Telescope Science Institute como parte de una secuencia de vídeo para proyección en pantalla hemisférica para la Smithsonian Institution.*
Página anterior *El cúmulo de Coma, uno de los cúmulos de galaxias más densos, alberga miles de galaxias elípticas, cada una de las cuales contiene miles de millones de estrellas.*

3

INSTRUMENTOS ASTRONÓMICOS

El empleo de la vista, unos prismáticos o un telescopio para observar el firmamento puede reportar gran disfrute y satisfacción, pero, ¡no se puede esperar demasiado! No distinguiremos colores, salvo en planetas y algunas estrellas muy brillantes, debido a los bajos niveles lumínicos; ¡y tampoco hay que contar con ver imágenes semejantes a las que toma el telescopio espacial Hubble! En cambio, los telescopios modestos sí revelarán numerosos detalles de la Luna, de la superficie de Júpiter y los satélites galileanos, Saturno y los anillos, cúmulos estelares ricos y, fuera de la Galaxia, otras galaxias situadas a millones de años-luz de distancia. Lo fascinante estriba en que algunos de los fotones que recibamos en la retina partieron de una galaxia distante ¡hace muchos millones de años!

Página anterior *Si el telescopio debe permanecer a la intemperie durante un período largo de tiempo, hay que tomar precauciones para proteger las lentes y espejos del rocío y el polvo.*

La vista humana

Para observar constelaciones, meteoros o la Vía Láctea sólo disponemos de la vista como instrumento óptico. No obstante, para sacarle el mayor partido se precisa cierto tiempo para adaptarla a la oscuridad. Intervienen dos efectos:

- En la oscuridad, las pupilas se dilatan y permiten la entrada de más cantidad de luz en el ojo. Esto sucede a lo largo de un período aproximado de 20 segundos, lo que enseguida permite divisar estrellas tenues.
- El segundo mecanismo tarda unos 20 minutos en funcionar. Cuando la retina no recibe altos niveles lumínicos, la vitamina A se convierte primero en retineno, y después en rodopsina, la cual incrementa en gran medida la sensibilidad de los bastones y los conos de la retina.

Incluso después de la adaptación a la oscuridad, la visibilidad durante cualquier noche depende, en

CONSEJOS PARA LA ADAPTACIÓN DE LA VISTA A LA OSCURIDAD

Use luz roja para consultar mapas celestes, de manera que la vista no pierda la adaptación a la oscuridad. Una posibilidad consiste en cubrir una linterna normal con papel de celofán rojo, si ésta no cuenta con un filtro rojo.

Cuando se desvía ligeramente la vista hacia un lado del objeto en cuestión, su luz incide en partes externas de la retina más sensibles, lo que torna más visibles los objetos vagos. Esta técnica se conoce como *visión lateral*.

gran medida, de la cantidad de polvo y vapor de agua que albergue la atmósfera. Ambas sustancias absorben y dispersan la luz de los astros, de manera que dificultan la observación de objetos débiles. El polvo y el vapor también dispersan hacia los ojos cualquier luz procedente del suelo (llamada contaminación lumínica), lo que torna el cielo más brillante y empeora la visibilidad. Procure alejarse lo máximo posible de las áreas urbanizadas, ya que incluso a unos pocos kilómetros ya se logra un beneficio considerable. El término *transparencia* se emplea para definir la claridad del firmamento. Desde un emplazamiento oscuro con mucha transparencia suelen verse estrellas de hasta sexta magnitud en el cenit.

Con todo, los prismáticos y los telescopios permiten divisar objetos más tenues, puesto que la lente del objetivo concentra más luz que el ojo humano. Asimismo, amplían la imagen para percibir más detalles, por ejemplo, en la superficie de la Luna o de Júpiter.

Prismáticos

Unos prismáticos de calidad constituyen un instrumento fantástico para observar el firmamento, y todo astrónomo debería contar con unos. Las dos cifras numéricas que se emplean para especificar unos prismáticos concretos, como 8x40, se refieren la primera a los aumentos y la segunda a la abertura de la lente del objetivo expresada en milímetros. Cuanta mayor abertura, más luz se concentra, lo que permite ver objetos más débiles. Tal y como se detallará más adelante, el incremento de los

Derecha *Los prismáticos de 25x100 deben montarse sobre un trípode para observar las estrellas con comodidad.*

aumentos también favorece la observación de astros más vagos. Sin embargo, a mayores aumentos, más se reduce la región celeste visible en cada ocasión. Los prismáticos 8x40 y 10x50 son muy adecuados para uso astronómico.

Recubrimientos de lentes y prismas

La cantidad de luz que sale por el ocular depende de la calidad de los recubrimientos que portan las lentes y prismas para minimizar la luz reflejada. Si todas las superficies de cristal reciben un baño múltiple, entonces los prismáticos transmiten casi toda la luz. Si no cuentan con ningún recubrimiento o tienen uno de menor calidad, la luz se refleja en el interior y se dispersa en la imagen, lo que reduce el contraste. Ésta es una de las razones por las que los prismáticos de calidad son caros.

Otra razón guarda relación con la complejidad y, por tanto, el precio de los oculares empleados.

Oculares

Los oculares se tratarán más adelante, pero los mejores confieren dos ventajas a los prismáticos:

- En prismáticos de campo amplio, aportan un campo de visión mayor, lo que aumenta de manera considerable la región celeste observable. Unos prismáticos normales de 8x40 cuentan con un campo de visión de 6°, mientras que unos de campo amplio abarcan de 8° a 9°.
- Pueden incrementar el llamado relieve ocular. Éste determina la distancia a la que debe situarse el ojo tras el ocular para acceder a todo el campo de visión. Con un relieve ocular pequeño, quien

Superior derecha *Esta imagen de todo el firmamento, con el centro galáctico cerca del cenit, se tomó con un objetivo ojo de pez de 180° desde el lago Titicaca en Bolivia.*

usa gafas sólo ve una parte del campo. Los prismáticos con un relieve ocular alto (de unos 20 mm) permiten divisar el campo completo incluso con gafas.

Prismáticos con imagen estabilizada

La mayor abertura y aumento de unos prismáticos de 10x50 resulta excelente para un uso astronómico, puesto que permite divisar astros más débiles que los de 8x40; sin embargo, suelen pesar bastante y, por tanto, cuesta sostenerlos con firmeza. Por ese motivo, existen soportes que permiten usarlos con trípode.

Otra opción novedosa, aunque cara, la ofrecen los prismáticos con imagen estabilizada. Éstos portan un sistema de prismas móviles controlados por un giroscopio que compensa los pequeños movimientos de las manos.

Basta con centrar el objeto (digamos, la Luna) en el campo de visión, apretar un botón y la imagen se torna absolutamente estable. Estos prismáticos permiten emplear aumentos mayores: como lentes de 50 mm con aumentos de 15x y 18x para acceder a objetos más tenues, pero, en cambio, tienen un campo de visión más reducido que los prismáticos de pocos aumentos.

Telescopios

El objetivo

Todos los telescopios portan una lente o un espejo para formar la imagen. Esta lente se denomina objetivo.

La distancia focal del objetivo de los telescopios de aficionado suele ir desde los 600 mm hasta los 2.000 mm.

Luego, la imagen se observa con un ocular con una distancia focal mucho menor, que ronda entre 3 y 56 mm.

El diámetro del objetivo se emplea para especificar el tamaño del telescopio; por ejemplo, un telescopio de 75 mm o 200 mm portará un espejo o una lente de ese diámetro.

Aunque la distancia focal de los objetivos o los oculares casi siempre se expresa en milímetros, las aberturas muchas veces se proporcionan en pulgadas.

Aumentos

Los aumentos vienen determinados por la razón entre la distancia focal del objetivo (lente o de espejo) y la del ocular. Por tanto, si se combina un ocular de una distancia focal de 25 mm con un objetivo de 1.000 mm de distancia focal, se obtienen 40 aumentos.

Una ventaja de los aumentos grandes es que permiten divisar estrellas más débiles.

Como las estrellas son fuentes puntuales (toda la luz se concentra en un solo punto), su brillo no disminuye con los aumentos, pero sí decrece el del cielo de fondo, de modo que éstas destacan con bastante claridad.

Es fácil pasarse de aumentos, motivo por el cual conviene ir incrementándolos de manera gradual con diferentes oculares hasta que dejen de verse más detalles. Muy rara vez resulta útil superar los 200 aumentos.

Superior *Esta ilustración de C. Graham aparecida en el* Chicago Tribune *en octubre de 1893 reproduce el telescopio refractor Yerkes, de 102 cm de diámetro, el cual es aún el refractor más grande del mundo.*

Resolución

La finura con que llegan a verse los detalles se denomina resolución y, en teoría, viene determinada por el tamaño del objetivo del telescopio. En términos angulares ronda 1 segundo de arco en los telescopios de 150 mm. Como es inversamente proporcional a la abertura del telescopio, un telescopio de 300 mm tendría una resolución teórica aproximada de 0,5 segundos de arco.

Página siguiente *Los telescopios refractores utilizan una lente con el fin de concentrar la luz en un foco, donde la imagen se contempla a través del ocular.*

Calidad de imagen (o *seeing*)

Por lo común, son las condiciones atmosféricas las que limitan la calidad de imagen (entre 2 y 4 segundos de arco); sin embargo, a veces se producen instantes breves de quietud en la atmósfera que permiten observar detalles más finos. Este efecto de la atmósfera en la calidad de imagen se suele denominar con la palabra inglesa *seeing* (o, a veces, visibilidad) y suele valorarse mediante una escala de 1 (muy mala) a 10 (perfecta), desarrollada por William H. Pickering, y al que debe su nombre. Con mala calidad de imagen, al aplicar muchos aumentos a una estrella ésta se verá partida en varios fragmentos y saltará por todo el campo de visión, mientras que la imagen de la Luna parecerá temblar.

Razón focal

La razón focal, o razón-f, de un telescopio no es más que la distancia focal efectiva dividida entre la abertura, y varía entre f/4 y f/20.

- Los telescopios de distancia focal corta permiten observar campos de visión grandes, pero la calidad de las imágenes suele resentirse, de modo que resultan idóneos para observaciones de campo amplio.

- Los telescopios de distancia focal larga de entre f/10 y f/20 brindan campos de visión más reducidos y quizá sean los mejores para la observación de los planetas y la Luna.

- Los telescopios de rango intermedio, entre f/7 y f/9, son buenos todoterrenos. Se pueden adquirir reductores focales para atenuar la razón focal de un telescopio de, por ejemplo, f/10 a f/6.3, lo que incrementa la versatilidad de un instrumento con una razón focal alta.

Calidad óptica

La calidad de imagen de un telescopio está limitada por las condiciones atmosféricas ya mencionadas, de ahí que no se pueda juzgar un instrumento nuevo durante una sola noche de observación. Cuando la atmósfera está en calma, la calidad óptica de la lente o el espejo determinará qué detalles se ven. Muchos reclamos publicitarios anuncian que el telescopio está limitado pro difracción. Esto significa que la resolución está limitada por el tamaño de la abertura; este hecho puede cumplirse o no, dependiendo de si el objetivo introduce errores no superiores a un cuarto de la longitud de onda de la luz visible a través de su abertura. En condiciones atmosféricas casi perfectas, una lente o espejo de la máxima precisión arrojará imágenes ligeramente mejores.

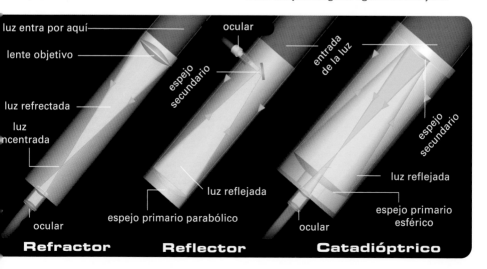

luz entra por aquí

lente objetivo

luz refrectada

luz ncentrada

ocular

ocular

espejo secundario

espejo primario parabólico

luz reflejada

entrada de la luz

espejo secundario

luz reflejada

ocular

espejo primario esférico

Refractor   **Reflector**   **Catadióptrico**

Luminosidad

Los telescopios permiten divisar estrellas y otros objetos más débiles que no son visibles a simple vista. Las estrellas tenues tienen una magnitud mayor que las brillantes (*véase* pág. 28), de modo que el telescopio incrementará la magnitud observable. Esto se denomina ganancia de magnitud. La tabla inferior relaciona la ganancia de magnitud que brindan los instrumentos de una abertura específica. Si en una dirección concreta del firmamento se llega a divisar a simple vista una estrella de 4ª magnitud, entonces un telescopio de 102 mm permitirá observar un objeto 5,2 magnitudes más débil. En condiciones ideales llegan a detectarse estrellas de magnitud 6,5 a simple vista, de modo que, al añadir 6,5 a los números de la tabla, se obtiene la magnitud límite, es decir, las estrellas más tenues que pueden llegar a divisarse con esos telescopios. La magnitud límite de un telescopio de 102 mm ronda, pues, 11,7 (5.2 + 6.5).

ABERTURA DEL TELESCOPIO	GANANCIA DE MAGNITUD
75 mm	4,5
90 mm	4,9
102 mm	5,2
114 mm	5,9
130 mm	6,3
150 mm	6,7
180 mm	7,1
200 mm	7,4

Tipos de telescopios

Telescopios refractores

Los telescopios refractores usan lentes para concentrar y curvar la luz hacia el punto focal. Los primeros telescopios portaban una sola lente sencilla para formar la imagen. Las lentes sencillas adolecen de una aberración cromática intensa (que descompone la luz en sus colores constituyentes) y dan lugar a bordes coloreados alrededor de los objetos brillantes. También se desarrolló una lente doble que combina un elemento de vidrio crown con otro de vidrio *flint*, llamada acromática. Estas lentes reducen en gran medida los colores falsos y se usan prácticamente en todos los telescopios refractores actuales.

Los **refractores acromáticos** usan una lente de objetivo que intenta concentrar la luz de todos los colores en un foco común, pero no lo logra por completo, lo que da lugar a ciertos cercos coloreados en las estrellas y planetas más brillantes. Buena parte del color falso adopta la forma de un halo púrpura alrededor del objeto, o tal vez la de un cerco de color verdoso justo en el interior del limbo lunar.

Las versiones con más distancia focal (alrededor de f/8) suponen la mejor opción, puesto que sufren menos color falso. Una abertura de 130 mm logra un buen equilibrio entre portabilidad y captación de luz (*véase* el recuadro de terminología en la página siguiente).

Los **refractores apocromáticos** emplean lentes múltiples (dos, tres o cuatro) que suprimen prácticamente todo el color falso (el término *apocromático* significa «sin aberración esférica ni cromática»). Suelen ser muy caras, pero brindan imágenes exquisitas y suelen superar a los telescopios reflectores algo mayores.

Página siguiente superior *Ejemplos de telescopio reflector (izquierda) y telescopio refractor.*

Telescopios reflectores

Isaac Newton no creía posible eliminar la aberración cromática, de ahí que diseñara un telescopio reflector que usaba un espejo para concentrar la luz; como la luz no atraviesa ningún cristal, el objetivo no induce ninguna aberración cromática.

El modelo newtoniano es el más simple de todos los telescopios reflectores y debe su nombre al diseño original de Isaac Newton. La luz asciende reflejada desde un espejo primario parabólico situado en la base del tubo del telescopio hasta alcanzar un espejo secundario plano próximo al extremo opuesto del tubo que envía la luz reflejada 90° hacia el plano focal, donde se halla el ocular. Los newtonianos tal vez tengan el mejor rendimiento de todas las clases de reflectores. Las razones focales varían desde f/5.5 hasta (raramente) f/10.

Cuanto menor es la razón focal, más amplio es el campo de visión, pero los paraboloides de razones focales muy cortas sufren la aberración conocida como coma, y que consiste en que las estrellas cercanas al borde del campo de visión se muestran como pequeños cometas. No obstante, el dispositivo Paracorr, que suministra la empresa TeleVue, corrige el defecto de manera excelente. Razones focales más largas brindan un campo de visión más reducido, pero suelen ofrecer mejor calidad de imagen. Como en casi todos los telescopios, una razón focal de 8 supone un equilibrio perfecto.

TERMINOLOGÍA

Captación de luz: Cantidad de luz que logra concentrar un telescopio. Los telescopios de aberturas grandes tienen mayor captación de luz y se usan para observar objetos muy tenues.

Espejo parabólico: Para enfocar con nitidez los rayos de luz de una estrella o planeta, el espejo debe contar con una superficie bien pulida cuyo perfil tenga la curva matemática de una parábola.

Parábola: Curva matemática que tiene la propiedad de que un espejo con ese perfil reflejará en un solo punto (el foco) todos los rayos de luz que lleguen paralelos a su eje óptico.

Telescopios reflectores catadióptricos

Estos telescopios, algo más complejos y, por tanto, más caros, combinan un espejo y una lente (por lo común montada en el frontal del tubo óptico) para formar la imagen. La lente protege el espejo del polvo y evita que se empañe, y los instrumentos resultantes pueden tener unas dimensiones muy compactas, lo que explica su popularidad.

Los Schmidt-Cassegrain usan un espejo secundario cerca del extremo anterior del tubo del telescopio para que la luz descienda reflejada a través de un agujero central en el espejo primario situado en la base del telescopio, el lugar llamado foco Cassegrain. El Schmidt-Cassegrain es compacto porque la trayectoria de la luz se repliega sobre sí misma en el interior del tubo. La imagen se forma detrás del espejo primario, donde se halla el ocular. Una lente correctora (o placa correctora) montada en el extremo anterior del tubo corrige el hecho de que se emplee un espejo esférico en lugar de uno parabólico. Las desventajas de este tipo de telescopio radican en que el espejo secundario es bastante grande y afecta en cierta medida a la calidad de la imagen y, además, suele precisarse una protección antirrocío, calentada con electricidad, para evitar la condensación en la superficie de la placa correctora.

Los telescopios Maksútov-Cassegrain, al igual que los Schmidt-Cassegrain, emplean una placa correctora en el frontal del compacto tubo óptico. El modelo clásico Gregory-Maksútov porta el reflector secundario en la parte trasera de una placa correctora muy curva. Puede alcanzar un rendimiento cercano al de los refractores apocromáticos. Los Maksútov y todos los demás telescopios Cassegrain suelen contar con longitudes focales bastante largas, lo que limita el campo de visión. Son excelentes para observar la Luna y los planetas, pero no resultan tan idóneos para contemplar cúmulos abiertos extensos ni para escudriñar la Vía Láctea.

Colimación

Los telescopios sólo forman imágenes de calidad sobre o cerca del eje óptico, de modo que es vital que éste resida en el centro del campo de visión. El ejercicio de lograrlo se denomina colimación.

Éstas son las pautas generales del procedimiento que hay que seguir con telescopios reflectores:

• Enfoque el telescopio hacia una pared blanca, déjelo sin ningún ocular y, finalmente, mire a través del tubo de enfoque con el ojo lo más centrado posible.

- Para centrar el ojo con más precisión, recomendamos perforar un agujero en el centro de la base de un portarrollos de película fotográfica negro y colocarlo en el lugar del ocular. También ayudará atravesar dos hilos cruzados en la boca del portarrollos.

- En el espejo secundario se verá una imagen del espejo primario y el espacio que lo circunda en la base del tubo del telescopio. La imagen debe ser perfectamente simétrica, de manera que el centro del espejo caiga en el centro del campo de visión.

- Si no fuera así, ajuste las tres clavijas que sostienen el espejo secundario en su posición hasta obtener una imagen simétrica. Algunos espejos tienen un punto negro justo en el centro para facilitar la labor. O tal vez prefiera marcarlo usted mismo.

- Tras ajustar el espejo secundario, veremos nuestro ojo «mirando hacia nosotros mismos». Si éste no se halla justo en el centro del campo de visión, hay que ajustar las tres clavijas que determinan el eje del espejo primario hasta que el ojo aparezca justo en el centro del campo de visión.

Nota: Con un newtoniano f8 bastará seguir este procedimiento, pero la colimación correcta de los telescopios catadióptricos es más crítica y se pueden adquirir accesorios especiales, como el ocular Cheshire o dispositivos láser de colimación, para facilitar la tarea.

Oculares

El ocular de un telescopio (o prismáticos) actúa como un vidrio de aumento de gran calidad. A menor distancia focal, mayor se ve la imagen. Esto tiene dos efectos:

- El tamaño aparente del objeto observado (o la distancia entre dos estrellas) aumenta, de modo que también crece el aumento.
- El área visible de la imagen en el plano focal se reduce y, por tanto, disminuye el campo de visión real.

Campo de visión aparente

Si se mira a través de un ocular hacia una superficie blanca, se ve que un campo circular blanco delimita cierto ángulo. Éste es el campo de visión aparente y suele medirse en grados. La mayoría de los oculares actuales brinda un campo aparente mínimo de 50°.

Campo de visión real

El campo de visión real es el tamaño angular (en grados) del trozo de cielo que se ve a través de un ocular determinado. Para calcularlo de manera aproximada se tiene que dividir el campo de visión aparente entre los aumentos. (De modo que un ocu-

Superior *Conjunto de oculares con una distancia focal muy similar (de izquierda a derecha): Super Plössl de 9,7 mm, Nagler de campo amplio de 9 mm, Plössl de 9,5 mm y Kellner de 9 mm.* **Página anterior** *Un telescopio Maksútov-Cassegrain.*

lar con un campo de visión de 50° y 100 aumentos obtendrá un campo de visión real de medio grado de diámetro).

Oculares de campo amplio y superamplio

Existen oculares que arrojan campos de visión aparentes amplios, es decir, mayores que 50°, ¡pero son caros! Los denominados oculares de campo amplio brindan campos aparentes de unos 65°, mientras que el campo de visión de los oculares de campo superamplio asciende a unos 80° o más. Una ventaja de los oculares de campo muy amplio es que permiten contemplar, por ejemplo, un cúmulo globular completo con más aumentos que un ocular de campo más reducido; el incremento de los aumentos reduce el brillo aparente del fondo de cielo y permite divisar estrellas más débiles.

Superior *Los diseños de gran angular arrojan campos de visión de unos 65°, que muestran un 70 % más de cielo que un Plössl.*

Relieve ocular

Este término define a qué distancia del ocular debe situarse la pupila del ojo para captar toda la luz que pase a través de él. Una prolongación de goma del ocular suele marcar la mejor posición para una observación normal. Por lo común, cuanto más corta es la distancia focal del ocular, menor es el relieve ocular. A algunas personas les cuesta usar oculares con un relieve ocular muy reducido y, desde luego, resultan imposibles para quien use gafas. Quienes padezcan un astigmatismo severo y necesiten ponerse gafas al usar el telescopio, pueden combinar oculares de distancia focal larga con una lente de Barlow (que suele doblar los aumentos efectivos) o, como alternativa, usar oculares como, por ejemplo, los de la

Superior *Vixen Lanthanum tiene oculares con un rango de distancias focales de 2,5 mm a 25 mm, cuya característica distintiva consiste en tener un relieve ocular de 20 mm.*

La lente de Barlow suele duplicar el aumento de un ocular.

Superior *Los oculares con un cilindro de diámetro de hasta 50 mm permiten ver un área mayor de la imagen.*

Superior *Este buscador acromático Orion de 6x30 incorpora un ocular Plössl de cuatro elementos.*

serie Vixen Lanthanum, diseñados para tener un relieve ocular fijo de 20 mm con todas las distancias focales.

Filtros

Algunos objetos, como los remanentes de supernova y las nebulosas planetarias, emiten buena parte de su luz en longitudes de onda (líneas espectrales) muy específicas, como las del hidrógeno y el oxígeno excitados. Se pueden comprar filtros, sobre todo los denominados UHC (de Ultra High Contrast) u OIII (para captar las líneas del oxígeno excitado), que permiten el paso de la luz con estas longitudes de onda, pero reducen el resto de la luz, incluida la contaminación lumínica de las lámparas de sodio. De ahí que incrementen en gran medida el contraste de estos objetos. A menos que se cuente con un cielo muy oscuro, representan la única vía para contemplar, por ejemplo, la nebulosa de los Encajes.

Buscadores

Como los telescopios tienen campos de visión muy reducidos (alrededor de 1°), suelen portar un buscador montado sobre el tubo del telescopio. Éste brinda un campo de visión más amplio (de unos 5°) y permite enfocar el telescopio hacia objetos con suficiente precisión como para divisarlos luego a través del telescopio en sí. Los buscadores siempre han sido telescopios pequeños similares a la mitad de unos prismáticos, que usan su misma nomenclatura (por ejemplo, 9x50), pero invierten la imagen. El ocular del buscador incluye un vidrio grabado o atravesado con hilos en forma de una cruz para indicar el centro del campo. Pero existe otro tipo de buscador que se está volviendo muy habitual: al mirar por él se ve un punto rojo proyectado en el cielo, y basta con mover el telescopio hasta que el punto se sitúe sobre el objeto deseado. Estos buscadores son estupendos para planetas y para las estrellas más brillantes, pero, en realidad, reducen el brillo de los objetos, de modo que no puede usarse para localizar galaxias tenues.

En cualquier caso, hay que alinear correctamente el buscador antes de usarlo. Elija un objeto cualquiera durante el día, por ejemplo, la copa de un árbol distante, o, de noche, como la Luna o un planeta brillante. Localice el objeto con el telescopio y, entonces, fije la posición del tubo. Mire a través del buscador y ajuste las clavijas de posición hasta centrar el objeto en la cruz de apuntado.

Monturas de telescopios

Los telescopios de aficionado usan dos tipos de monturas: por un lado, la montura horizontal (altacimutal) y, por otro, la ecuatorial.

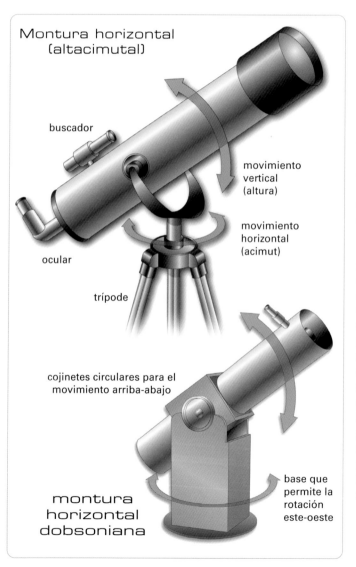

Montura horizontal (altacimutal)

buscador

movimiento vertical (altura)

movimiento horizontal (acimut)

ocular

trípode

cojinetes circulares para el movimiento arriba-abajo

montura horizontal dobsoniana

base que permite la rotación este-oeste

Montura horizontal

La montura horizontal o altacimutal es simple y está sostenida sobre un trípode que suele usarse con refractores hasta unos 100 mm de abertura (altura = arriba o abajo; acimut = alrededor del horizonte). La gente que cuenta con refractores apocromáticos muy costosos usa las de mayor calidad.

Otro tipo de montura horizontal es la montura dobsoniana, usada sobre todo con reflectores newtonianos. El telescopio simplemente se empuja para seguir un objeto con movimientos de una suavidad increíble. Como el espejo queda tan cerca del suelo, esta montura ofrece gran estabilidad. Las monturas horizontales no sirven para fotografías celestes de exposición prolongada, pero permiten tomar imágenes de la Luna con exposiciones cortas.

Montura ecuatorial

Las monturas ecuatoriales permiten seguir un objeto por el firmamento usando un sistema de seguimiento automático, de ahí que sean adecuadas para fotografiar el cielo. Este tipo de montura cuenta con un eje polar que hay que ajustar para que enfoque el polo norte (o sur) celeste, y un eje ecuatorial (o de declinación) montado sobre él. Éste debe girarse hasta que coincida con la declinación del objeto que se quiera observar. Basta con mover el telescopio para que enfoque al objeto usando el buscador y, entonces, fijar la declinación.

El giro del eje polar a ritmo sidéreo (el movimiento aparente de los astros) y en la dirección adecuada (opuesta para cada hemisferio) mantendrá el objeto en el campo de visión siempre que la montura esté bien alineada. Esto se puede conseguir de forma manual o incorporando un motor de seguimiento en AR (ascensión recta), que hará girar el eje polar al ritmo sidéreo de manera automática. (Si el eje polar está un poco desalineado, el movimiento puede corregirse mediante los mandos de control fino de AR y Dec para devolver el objeto al campo de visión.)

Montura de horquilla

Casi todos los telescopios Schmidt-Cassegrain y Maksútov se montan sobre los soportes en forma de horquilla, sujeta directamente al trípode; por esta razón realizan el seguimiento tanto en acimut como en altura, de modo que se trata, en efecto, de otra variante de montura horizontal. (Muchas de estas monturas horizontales se usan ahora para los telescopios llamados computerizados, o tipo *go to*). Como hay dos brazos de horquilla no precisan contrapeso. La horquilla que sostiene el telescopio también se puede montar sobre una cuña ecuatorial colocada encima del trípode. Esto la convierte en una montura ecuatorial eficaz; en este caso, sólo se precisa un seguimiento en AR para seguir un objeto.

Montura ecuatorial

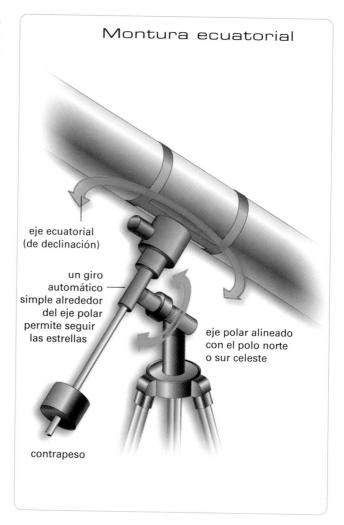

eje ecuatorial (de declinación)

un giro automático simple alrededor del eje polar permite seguir las estrellas

eje polar alineado con el polo norte o sur celeste

contrapeso

Monturas computerizadas

Los telescopios controlados por ordenador han cobrado gran popularidad. Suelen estar equipados con una montura de horquilla en modo horizontal. En el ordenador portátil al que esté conectado el instrumento hay que introducir la ubicación del telescopio en la superficie terrestre (latitud y longitud), así como la hora. Esta información la dan con gran precisión los receptores GPS para navegación, de modo que cada vez más telescopios portan uno para ahorrar también esta tarea. La montura debe estar nivelada y orientada al norte con bastante precisión (algunas monturas incluyen hasta una brújula electrónica), y entonces comienza el procedimiento de puesta en marcha.

El ordenador elige dos o tres estrellas brillantes bien separadas en el cielo y que estén sobre el horizonte en el momento de la observación; dirige el telescopio hacia la primera estrella (probablemente con poca precisión, a menos que la configuración del telescopio se haya realizado con sumo cuidado), entonces se centra la estrella a mano en el campo de visión y se confirma. El telescopio se mueve después hacia la segunda estrella para proceder al centrado manual y confirmarlo. Ahora, el ordenador puede calibrar cualquier error de enfocado del instrumento en dirección norte, e inclinar el telescopio hacia la base, de modo que está preparado para centrar el telescopio hacia cualquiera de los objetos de la base de datos, el cual aparecerá, en efecto, en el campo de visión de un ocular de pocos aumentos.

¡Incluso se puede pedir al telescopio una gira celeste por los objetos más interesantes que haya en el cielo en ese momento determinado!

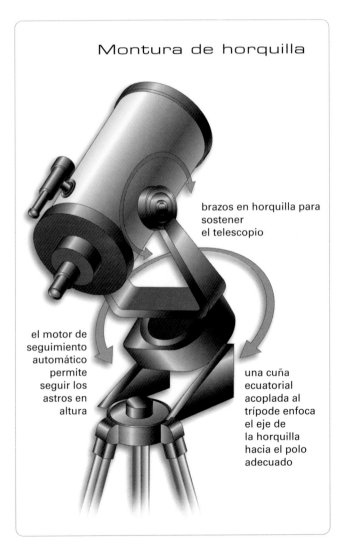

Montura de horquilla

brazos en horquilla para sostener el telescopio

el motor de seguimiento automático permite seguir los astros en altura

una cuña ecuatorial acoplada al trípode enfoca el eje de la horquilla hacia el polo adecuado

Superior *Este telescopio newtoniano de 200 mm sobre montura horizontal dobsoniana se mueve a mano para efectuar el seguimiento de los objetos por el cielo.*

- Guarde el telescopio en un lugar seco, pero preferiblemente frío; así reducirá el tiempo que precisa el telescopio para enfriarse hasta la temperatura ambiente a la hora de usarlo.
- Como es natural, tiene sentido proteger el espejo o la lente del polvo; para ello, asegúrese de que el telescopio se guarda con el espejo o el tubo tapados.
- Con el tiempo, el espejo de los newtonianos y el objetivo o la placa correctora de los refractores o telescopios catadióptricos se ensucian y necesitan un limpiado de la superficie.

En primer lugar, elimine todo el polvo que pueda con una bomba de aire como las que se usan para llenar colchones hinchables. Después, límpielos generosamente con algodón (el esterilizado de uso quirúrgico es el mejor) y agua destilada o una mezcla al 75 % de agua destilada y 25 % de alcohol isopropílico. Sostenga la lente o el espejo en vertical de manera que el líquido limpiador fluya por ellos; luego elimínelo por completo con el algodón. Los usuarios de telescopios newtonianos deben contar con que, tras varios años de uso, llegará un momento en que sea completamente necesario volver a aluminizar el espejo.

Mantenimiento del telescopio

Los telescopios no se cansan, pero, en cambio, ¡necesitan cuidados!

- Durante su uso, procure mantener seca la lente o la placa correctora (en caso de haberlas) con la ayuda de un protector antirrocío. Cuando se introduce un telescopio en una habitación caliente después de tenerlo al frío de la intemperie puede producirse el problema de que se condense agua en las superficies de vidrio. Para evitarlo, tape la óptica del telescopio antes de entrar; luego, cubra el telescopio para atenuar cualquier transferencia de calor, y póngalo en la habitación más fría. Si, a pesar de todo se formara rocío, déjelo descubierto hasta que se seque por completo.

Un observatorio privado

Los telescopios con aberturas aproximadas de hasta 300 mm los puede manejar una sola persona, de modo que se pueden guardar en interiores y sacarlos al raso cuando se precise. No obstante, lo que disuade de usarlos es que hay que dedicar cierto tiempo a instalarlo y alinearlo. Además, la temperatura del instrumento debe igualarse con la del exterior para conseguir imágenes buenas, puesto que, si el telescopio y el aire que alberga en su interior no se encuentran a la misma temperatura que el entorno, circularán corrientes de aire que estropearán las imágenes. Por tanto, es importante dejar que el telescopio se equilibre con el entorno, proceso que puede durar dos horas o más si se saca de una habitación caliente a una atmósfera fría. Los refractores suelen adaptarse más rápido que otros modelos más complejos. Desde luego, la observación resultaría mucho más sencilla si el telescopio estuviera siempre listo, pero esto implica ¡construir un observatorio!

Para ello, se venden cúpulas de observatorio fabricadas en fibra de vidrio que se instalan sobre una base giratoria, y que portan una trampilla que se desliza hacia arriba y hacia atrás para dejar el telescopio al aire. Con menor coste también se pueden usar variantes adaptadas a un cobertizo de jardín. Todo el cobertizo, con una puerta grande adecuada en un extremo, se puede montar sobre raíles para separarlo en dos y dejar el telescopio al descubierto. Otra alternativa consiste en dejar fijo el cobertizo, pero ponerle un techo corredizo que se deslice sobre dos guías situadas sobre un lateral. Otra opción la ofrecen las construcciones en forma de «invernadero» sobre una base giratoria similar donde una compuerta cuelgue abierta a un lado.

En cualquier caso, tal vez suframos un bombardeo de luces viales y privadas. Para atenuarlas se pueden confeccionar o comprar pantallas negras para situarlas entre el telescopio y la fuente de luz molesta, o incluso cubrir la lámpara intrusa con un saco negro durante la observación. Esto facilitará la adaptación de la vista a la oscuridad y puede resultar muy útil.

Derecha *Tres versiones de un observatorio privado. Algunos aficionados a la astronomía se construyen su propio observatorio, pero también se pueden encargar a empresas especializadas.*

cubierta de
madera sobre raíl

cubierta de madera partida sobre raíles

compuerta deslizante hacia atrás

abertura

telescopio

cúpula de fibra
de vidrio

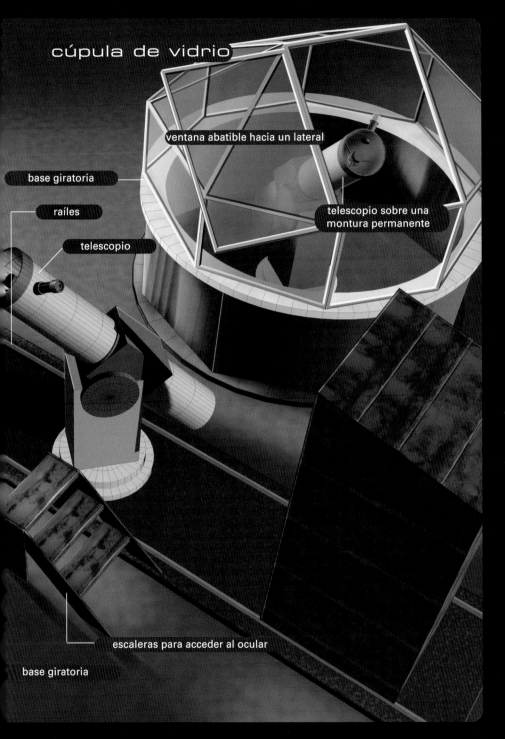

cúpula de vidrio

ventana abatible hacia un lateral

base giratoria

raíles

telescopio

telescopio sobre una
montura permanente

escaleras para acceder al ocular

base giratoria

4

EL SISTEMA SOLAR

Los planetas del Sistema Solar se formaron junto al Sol hace unos 4.500 millones de años. Una nube gigante de gas y polvo se contrajo por efecto de la gravedad, y la aglomeración central que dio lugar al Sol quedó rodeada por un disco plano de materia que rotaba a su alrededor. Las partículas más pesadas empezaron a agregarse en fragmentos mayores que con el tiempo se convirtieron en lo que llamamos *planetesimales*. Las colisiones y la atracción gravitatoria los hizo crecer y, al final, originaron los planetas. La presión de la radiación solar arrastró la mayoría de los gases más ligeros fuera del Sistema Solar interior, y sólo dejó las partículas más pesadas, que acabaron convertidas en los planetas telúricos. Más allá, los planetas desarrollaron núcleos de roca, pero lograron atraer y atrapar el helio y el gas hidrógeno de los alrededores. Se convirtieron en los gigantes gaseosos.

Página anterior *Esta ilustración (que no está a escala) reproduce al fondo el recorrido orbital de los planetas alrededor del Sol.*

La Luna

La Luna y sus fases

La Luna es el único satélite natural de la Tierra y, como todos los objetos del Sistema Solar (excepto el Sol), no emite luz. Cada mes, la Luna orbita la Tierra y completa un ciclo de fases lunares, que va desde una Luna nueva hasta la siguiente, durante un período que se denomina mes sinódico. La Luna nueva corresponde al instante en que la Luna se sitúa entre la Tierra y el Sol, de modo que no podemos verla, aunque la Luna nueva permanece en el cielo durante todo el día. Llamamos Luna nueva a la primera lúnula que vemos en el cielo tras la puesta del Sol y la parte en sombra de la Luna suele verse porque la superficie lunar está iluminada por la tenue luz del Sol que recibe reflejada desde la Tierra, la denominada luz ceniciento. La Luna se desplaza unos 13° al este cada día de su recorrido orbital mensual. Primero se ve como una fina lúnula próxima a donde se ha puesto el Sol, luego, la zona visible aumenta y pasa por el cuarto creciente hasta llegar a la Luna llena. A medida que pasan los días, la Luna se ve en el cielo durante más tiempo y aumenta la fracción iluminada del disco. En la fase de cuarto creciente se ve iluminada la mitad del disco. Con Luna llena, la Luna sale al ponerse el Sol y se pone cuando éste sale. Entonces, las fases se suceden a la inversa.

Observación de la Luna

Como la Luna completa una rotación sobre su propio eje en el mismo tiempo que tarda en orbitar alrededor de la Tierra, siempre nos muestra la misma cara, es decir, la cara visible tiene una orientación «fija» hacia la Tierra. No obstante, como su órbita alrededor de la Tierra no traza un círculo perfecto, presenta cierto tambaleo hacia atrás y hacia delante que revela algo más por los lados. Este efecto se conoce como libración y, en ocasiones, permite ver casi el 60 % de la superficie lunar. La observación regular de ciertos accidentes, como el mar de las

Montes Jura
Plat·
Bahía de los Iris
Mar de las Lluvias
Mar de los vapores
Océano de las Tempestades
Cráter Copérnico
Kepler
Tolomeo
Alfonso
Azarquiel
Mar de los Humores
Mar de las N
Cráter Tycho

Fase creciente: La Luna se torna visible cuando empieza a manifestarse la luz del Sol reflejada en su superficie.

Cuarto creciente: La Luna ha cubierto un cuarto de su recorrido alrededor de la Tierra.

Dos semanas: La Luna se vuelve más gibosa al avanzar hacia la fase llena.

Superior: *La Luna y las fases lunares.*

El recorrido orbital de la Luna alrededor de la Tierra en 27,3 días se denomina período sidéreo, es decir, el movimiento del satélite en relación con las estrellas de fondo. Debido al movimiento tanto de la Tierra como de la Luna alrededor del Sol, la Luna tarda algo más en volver a mostrarnos la misma fase. Este período corresponde al período sinódico de 29,53 días, y a él nos referimos cuando se habla de mes lunar.

Mar de las Crisis

r de la Serenidad

Mar de la Tranquilidad

Mar de la Fecundidad

Mar del Néctar

Crisis, revela que unas veces se hallan más cerca del limbo que otras. Los rasgos de la superficie lunar se ven mejor cuando caen próximos al terminador (frontera entre la parte iluminada y la oscura), puesto que ahí son más alargadas las sombras proyectadas por el Sol. Con Luna llena, cuando no hay sombras, la topografía no resulta sencilla de apreciar, pero se revelan bien las eyecciones en forma de rayos arrojadas tras la formación de ciertos cráteres; destacan en especial las del reciente cráter Tycho.

Rasgos de la superficie

La superficie lunar se divide en dos tipos: las tierras altas brillantes y repletas de cráteres, y los mares más oscuros y con menos cráteres. Los mares se formaron por impactos gigantes que excavaron la superficie y facilitaron que las rocas basálticas y oscuras del interior aparecieran a la superficie. Surgieron hacia el final del período en que los escombros resultantes de la formación del Sistema Solar impactaron contra la superficie de los planetas y satélites, de ahí que alberguen menos cráteres. Los mares portan nombres evocadores, como mar de las Lluvias, mar de la Tranquilidad y mar de la Fecundidad.

Fin de la fase menguante: La mitad de la Luna que mira hacia la Tierra no llega a verse.

Cuarta semana: En cuarto menguante, se ve en el cielo.

Tercera semana: Es gibosa después de Luna llena.

Luna llena: Sale 12 horas después del Sol porque se halla justo opuesta a él, y luce durante toda la noche.

Eclipses de Luna

Por término medio, cada 14 meses, la Luna llena se adentra en la sombra de la Tierra y se produce un eclipse total de Luna. Sería de esperar que la Luna desapareciera por completo, puesto que debe su brillo únicamente a la luz reflejada del Sol; sin

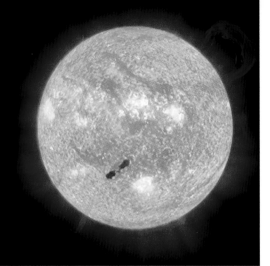

embargo, durante los eclipses, la Luna se ve porque le llega suficiente luz esparcida por la atmósfera terrestre, lo que le aporta una iluminación tenue. Lo que se ve durante los eclipses depende en gran medida de la cantidad de polvo que resida en la atmósfera. Si la atmósfera no está demasiado pulverulenta, se aprecia una preciosa tonalidad marrón rojizo, pero si una erupción volcánica carga la atmósfera de polvo, entonces la Luna se ve más oscura y con una coloración gris bastante apagada. Los próximos eclipses totales de Luna se producirán el 21 de febrero de 2008, el 21 de diciembre de 2010 y el 15 de junio de 2011.

FICHA DE DATOS DEL SOL

Distancia a la Tierra:
Unos 150 millones de km

Tamaño:
1,4 millones de km de diámetro

Período de rotación polar (latitud 75°)
33,4 días terrestres

Período de rotación ecuatorial:
25,7 días terrestres

Temperatura de la corona:
Hasta 2 millones de °C

Temperatura en superficie:
5.000 °C

Número de planetas que lo orbitan:
8

El Sol

Con gran diferencia, el objeto más grande del Sistema Solar es el Sol, con más del 99,8 % de la masa total. Es nuestra estrella y, como todas las demás, obtiene la energía de la fusión nuclear que desarrolla en el núcleo, donde impera una temperatura de 15,6 millones de °C. La energía procedente del núcleo llega a la superficie, llamada fotosfera, y de allí se emite al espacio. Por encima de la fotosfera yace una zona delgada, denominada cromosfera, sobre la cual se despliega la parte más externa y extensa del Sol, denominada corona. La luz procedente de estas regiones es muy débil comparada con la que proviene de la fotosfera y sólo se ve a través de telescopios especiales o durante los eclipses de Sol.

Las manchas solares y la rotación del Sol

Cuando el campo magnético del Sol se abre paso a través de la fotosfera, impide la convección de gas caliente procedente de las profundidades del Sol y crea zo-

Página siguiente inferior *Las manchas solares implican actividad magnética en el Sol. Suelen aparecer en grupos y cambian de forma y tamaño a medida que atraviesan el disco solar.*

nas a temperatura más baja. Como estas regiones están algo más frías, se ven oscuras en comparación con el entorno y por eso se las denomina manchas solares. El número de manchas fluctúa a lo largo de un ciclo que dura unos 11 años. Durante un período aproximado de 7 años, el número de manchas solares visibles aumenta hasta alcanzar lo que se denomina el máximo solar. Entonces, el campo empieza a descomponerse y la cantidad de manchas se reduce hasta alcanzar el mínimo solar, momento en que vuelve a repetirse el ciclo completo de once años, pero con el campo magnético invertido. Se denomina ciclo solar. Cerca del máximo solar, el Sol puede generar muchas fulguraciones solares, corrientes de partículas cargadas que salen expulsadas al espacio. Cuando éstas interaccionan con la atmósfera terrestre disfrutamos de auroras polares preciosas, bandas de luz blanca, verde y roja que forman arcos en el cielo.

Observación del Sol

¡NUNCA mire al Sol directamente! En lugar de eso, dirija la luz del Sol hacia la lente objetivo del

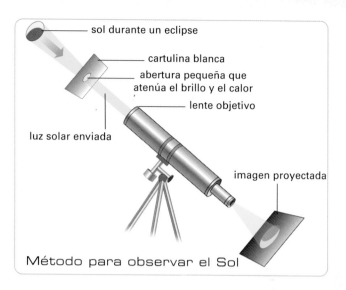

sol durante un eclipse

cartulina blanca

abertura pequeña que atenúa el brillo y el calor

lente objetivo

luz solar enviada

imagen proyectada

Método para observar el Sol

telescopio y proyecte la imagen en un pliego de cartulina blanca situada a varios centímetros de distancia del ocular (*véase* la ilustración). Para atenuar la radiación caliente del Sol, que podría dañar el ocular, reduzca la abertura hasta unos 25 mm (muchos telescopios cuentan con tapas con aberturas así para este fin). Guíese por la sombra del telescopio o el buscador para dirigir el telescopio hacia el Sol. NO mire a través del buscador ni a lo largo del eje del telescopio. Luego, ajuste el enfoque del telescopio y obtendrá una imagen del Sol de varios centímetros de diámetro. Si aprecia manchas solares en el disco y las observa durante varios días sucesivos notará que se desplazan por el disco solar, que aumentan y decrecen de tamaño y que tardan 25,7 días en completar una vuelta en el ecuador.

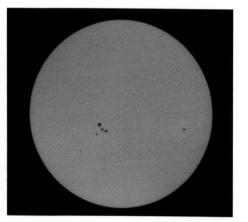

Eclipses de Sol

Se producen cuando en la fase de Luna nueva nuestro satélite se alinea exactamente con el Sol, de manera que su sombra se proyecta en la superficie terrestre. Al igual que sucede con los eclipses de Luna, la inclinación de la órbita lunar implica que no se produzcan todos los meses,

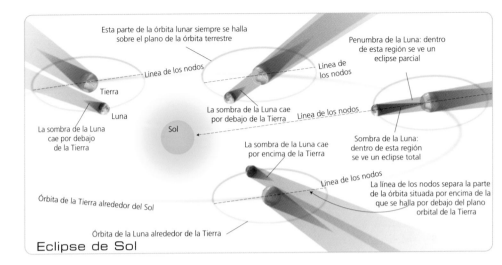

Eclipse de Sol

Esta parte de la órbita lunar siempre se halla sobre el plano de la órbita terrestre

Línea de los nodos

Penumbra de la Luna: dentro de esta región se ve un eclipse parcial

Línea de los nodos

Tierra

Luna

La sombra de la Luna cae por debajo de la Tierra

Línea de los nodos

Sol

La sombra de la Luna cae por debajo de la Tierra

La sombra de la Luna cae por encima de la Tierra

Sombra de la Luna: dentro de esta región se ve un eclipse total

Línea de los nodos

La línea de los nodos separa la parte de la órbita situada por encima de la que se halla por debajo del plano orbital de la Tierra

Órbita de la Tierra alrededor del Sol

Órbita de la Luna alrededor de la Tierra

sino que cada dos años, aproximadamente, se puede ver uno desde algún lugar de la superficie terrestre.

La órbita de la Luna es elíptica, de ahí que varíe su distancia a la Tierra; cuanto más se acerca la Luna, mayor es la sombra que proyecta en la Tierra y más se prolonga el eclipse observado. Los puntos situados en el ecuador se hallan más próximos a la Luna, por tanto, los eclipses que se ven desde ahí tienen el máximo período de totalidad posible (de más de siete minutos cuando la Luna se sitúa en el lugar de su órbita más cercano a nosotros). Por otro lado, si la Luna se encuentra o va camino de situarse a la máxima distancia de nosotros, no tiene suficiente tamaño angular para cubrir por completo el disco solar y entonces se contempla un anillo brillante alrededor del disco oscuro de la Luna; esto se denomina eclipse anular.

A medida que la Luna eclipsa el Sol, se va viendo la cromosfera, de un color rojizo-rosado encantador debido al fulgor del gas hidrógeno que contiene. A menudo se ven protuberancias (material lanzado hacia arriba por el campo magnético del Sol) que se arquean en dirección al espacio. Y, alrededor de ellas, puede aparecer el fulgor nacarado de la corona solar, una imagen de suma belleza.

Mercurio

Mercurio es un planeta inferior, porque se halla más cerca del Sol que la Tierra. Orbita el Sol en 88 días terrestres, su año. Sigue una órbita elíptica, de ahí que la distancia entre el planeta y el Sol varíe de 0,31 a 0,47 au. En comparación con la Tierra, Mercurio rota sobre su eje muy despacio, y completa un giro en relación con las estrellas distantes cada 58,6 días terrestres. Por tanto, Mercurio gira tres veces sobre su eje en el tiempo que tarda en cubrir dos órbitas alrededor del Sol. Desde la superficie de Mercurio, el Sol sale en el cielo sólo una vez cada 176 días (después de dos órbitas). La temperatura en el planeta fluctúa entre 470 °C y -180 °C. Mercurio cuenta con una atmósfera muy tenue que consiste en cantidades insignificantes de oxígeno y sodio, con trazas de helio, potasio e hidrógeno capturados del viento solar.

Rasgos de la superficie

Mercurio nunca se aleja más de 20° del Sol, de modo que el planeta suele desvanecerse en el crepúsculo, lo que dificulta la observación de rasgos en él. Casi todo el conocimiento disponible acerca de Mercurio procede de los tres sobrevuelos que realizó la sonda de la NASA *Mariner 10* en 1974 y 1975. La topografía del planeta muestra que Mercurio tiene un aspecto parecido al de la Luna, con numerosos cráteres y llanuras de lava llamadas mares. El planeta también cuenta con accidentes prolongados y sinuosos denominados escarpaduras lobuladas que miden entre 20 y 500 km de longitud y alcanzan alturas de hasta 2 km. Se trata de arrugas de la superficie (fallas de compresión) formadas tras el enfriamiento y la contracción del planeta. Curiosamente, las observaciones de radar han revelado que, en los cráteres próximos a los polos, donde nunca llega el calor del Sol, yacen depósitos de hielo que pudieron resultar de impactos cometarios.

Observación de Mercurio

Los prismáticos son una herramienta útil para divisar Mercurio en el cielo; se distingue de otras estrellas brillantes de alrededor porque no titila, o parpadea, tanto como ellas. Cuando se dan las condiciones óptimas hay que buscar un emplazamiento con horizonte muy bajo hacia poniente (si es al anochecer) o levante (si es al amanecer). Si se ve al atardecer, conviene estar en el lugar de observación antes de que el Sol se ponga, puesto que eso ayudará a saber dónde buscar Mercurio (un poco por encima del lugar por donde se haya escondido el Sol). A veces andará muy cerca Venus o una Luna muy fina, lo que facilita la localización. Las guías celestes mensuales suelen señalar los días más propicios para observar este planeta. Si se observa desde un lugar apartado del ecuador, se verá mejor en primavera u otoño, cuando la eclíptica forma el ángulo máximo con el horizonte, y el Sol sale (o se pone) más vertical con respecto al horizonte. Entonces, si Mercurio está cerca de la elongación máxima (es decir, forma el mayor ángulo posible con el Sol), se hallará a una altura razonable en el cielo tras la puesta de Sol o antes de su salida.

FICHA DE DATOS DE MERCURIO

Relación con el Sol:
El más cercano al Sol
Distancia media de 57,9 millones de km

Tamaño relativo:
El planeta más pequeño de todos

Composición atmosférica:
Atmósfera insignificante

Órbita alrededor del Sol:
88 días terrestres

Período de rotación:
58,6 días terrestres

Temperatura en superficie:
470 °C

Número de satélites:
0 satélites

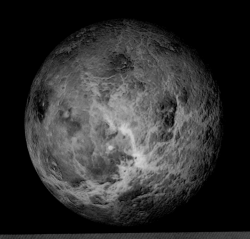

Como Mercurio, Venus es un planeta inferior, situado entre la Tierra y el Sol. Es el planeta más brillante y ocupa el tercer puesto entre los objetos más brillantes de todo el cielo, precedido por el Sol y la Luna. En ocasiones se denomina lucero del alba o de la tarde, puesto que sólo se ve en las horas previas al amanecer o posteriores al anochecer. Rota sobre su eje en 243 días terrestres, de modo que su día, en relación con las estrellas, es más largo que su año (de 224,7 días terrestres). Además, rota en sentido retrógrado (es decir, en la dirección opuesta al desplazamiento que sigue alrededor del Sol). La combinación de ambos movimientos da lugar a que los días solares de Venus duren 117 días terrestres.

FICHA DE DATOS DE VENUS

❀ Relación con el Sol:
El segundo planeta más cercano al Sol
Distancia media de 108 millones de km

❀ Tamaño relativo:
Muy similar al de la Tierra

❀ Composición atmosférica:
96 % de dióxido de carbono, 3 % de nitrógeno, trazas de argón, agua

❀ Órbita alrededor del Sol:
224,7 días terrestres

❀ Período de rotación:
243 días terrestres

❀ Temperatura en superficie:
480 °C

❀ Número de satélites:
0 satélites

Superior *Imagen generada por ordenador a partir de datos tomados por la nave* Magellan *de Sapas Mons (primer plano) y Maat Mons (al fondo).*

El efecto invernadero de Venus

La superficie de Venus no se ha contemplado jamás desde la Tierra, puesto que siempre está cubierta por una capa gruesa y densa de nubes que se cree que consisten en ácido sulfúrico y partículas de azufre que, probablemente, producen los volcanes de la superficie. Debido a la abundancia de dióxido de carbono en la atmósfera, Venus padece un efecto invernadero que genera una temperatura en superficie de 480 °C. La luz y el calor del Sol atraviesan la atmósfera, pero la radiación infrarroja de longitudes de onda más largas no logra salir. El planeta es muy seco y alberga poca agua. La lentitud de la rotación, el grosor de la atmósfera y los vientos de alta velocidad equilibran las temperaturas diurnas con las nocturnas.

Topografía

Los estudios de radar realizados desde la Tierra y la sonda *Magellan*, en órbita alrededor de Venus, han revelado que este planeta consiste en suaves llanuras ondulantes, algunas depresiones y dos grandes regiones montañosas. Las dos, llamadas Ishtar Terra, en el hemisferio norte, y Aphrodite Terra, a horcajadas en el ecuador, tienen el tamaño de los continentes terrestres. La montaña más alta de Venus, llamada Maxwell Montes, se eleva unos 11 km por encima del nivel medio de la superficie en el extremo oriental de Ishtar Terra. La superficie está dominada por volcanes; muchos muestran signos de actividad reciente y buena parte del planeta está cubierto por flujos de lava.

Venus cuenta con varios cráteres de gran tamaño, pero carece de cráteres reducidos porque los meteoroides pequeños se incineran en la gruesa atmósfera antes de llegar al suelo.

Observación de Venus

Es difícil que Venus se pase por alto, puesto que domina en el cielo matutino o vespertino. Como mantiene una separación de hasta 47° con el Sol, llega a permanecer visible durante tres o cuatro horas antes de la salida o después de la puesta del Sol. Un hecho muy interesante relacionado con su observación es que, aunque Venus muestra fases, igual que la Luna, su brillo apenas varía. Esto se debe simplemente a que, cuando la lúnula de Venus decrece a medida que se acerca a la Tierra (lo que reduciría el brillo), el incremento del tamaño angular casi lo compensa exactamente, de modo que la magnitud se acerca a -4 durante buena parte del tiempo. Cuando hoy observamos los cambios de fase y el tamaño angular de Venus, repetimos las observaciones que Galileo efectuó siglos atrás y que demostraron que el Sol ocupa el centro del Sistema Solar.

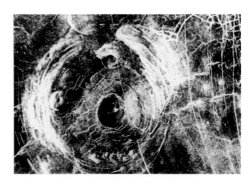

Derecha *Corona circular en la parte meridional de Aphrodite Terra. El magma brotó, se retiró y, después, la superficie se desmoronó hasta formar líneas concéntricas de crestas y fallas.*

El interior de Marte, un planeta con casi la mitad del tamaño de la Tierra, se enfrió más deprisa que ésta y carece de actividad volcánica en la actualidad. Marte, que recibe también el apelativo popular de Planeta Rojo debido a los óxidos de hierro que cubren la superficie, está formado por un núcleo rico en hierro que mide 2.900 km de diámetro, un manto de 3.500 km de grosor y una corteza de 100 km de profundidad. Marte se asemeja a la Tierra en que rota en 24 horas y 37 minutos alrededor de un eje que mantiene una inclinación de 24° con respecto al plano orbital del planeta, lo que da lugar a estaciones similares. Los detalles de la superficie, que incluyen casquetes polares de hielo de color blanco formados por dióxido de carbono helado y hielo de agua, y los rasgos oscuros como Syrtis Major, cambian con el paso de las estaciones a medida que los casquetes aumentan o decrecen y a medida que el polvo fluye por la superficie. La atmósfera consiste, sobre todo, en dióxido de carbono y la presión atmosférica sólo asciende a una centésima parte de la terrestre.

FICHA DE DATOS DE MARTE

✦ Relación con el Sol:

El cuarto planeta más cercano al Sol
El planeta más parecido a la Tierra
Distancia media de 228 millones de km

✦ Tamaño relativo:

La mitad del tamaño de la Tierra

✦ Composición atmosférica:

95 % de dióxido de carbono

✦ Órbita alrededor del Sol:

687 días terrestres

✦ Período de rotación:

24 horas 37 minutos

✦ Temperatura en superficie:

-65 °C

✦ Número de satélites:

2 satélites

Observación de Marte

Marte es un objeto precioso para telescopios modestos, pero sólo vale la pena observarlo cuando se halla en oposición. Esto ocurre alrededor de una vez cada dos años. No obstante, como Marte sigue una órbita elíptica, su distancia a la Tierra durante los acercamientos máximos varía mucho, lo que significa que el tamaño angular observado y, por tanto, los detalles visibles, también cambiarán. En agosto de 2003, Marte se situó en el lugar más cercano a la Tierra en 60.000 años, y se vio con un tamaño angular de 25 segundos de arco, pero puede llegar a divisarse con sólo 13,5 segundos de arco. En esos casos llega a vislumbrarse algo en la superficie. Los rasgos que más destacan contra la tonalidad general de color salmón predominante son los casquetes polares blancos y el triángulo oscuro

El cinturón de asteroides

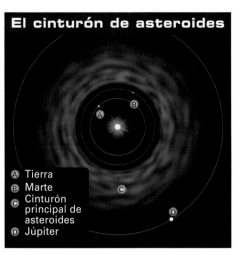

- ⓐ Tierra
- ⓑ Marte
- ⓒ Cinturón principal de asteroides
- ⓓ Júpiter

Los gigantes de gas

Júpiter y Saturno son los mayores planetas del Sistema Solar. Se ven durante todo el año y, como se hallan a distancias inmensas del Sol, su tamaño aparente no varía demasiado a medida que giramos alrededor del Sol desde el interior de sus órbitas. Presentan un tamaño angular global, incluidos los anillos de Saturno, muy próximo a 45 segundos de arco, lo que permite ver gran abundancia de detalles.

Júpiter

Júpiter es de color amarillo pálido, contra el que destacan bandas ecuatoriales más oscuras que, en buenas condiciones de visibilidad, presentan remolinos y manchas más claros o más oscuros que las bandas en sí. La más famosa de todas es, por supuesto, la gran mancha roja, una tormenta de la atmósfera joviana con ¡el doble de diámetro que

de Syrtis Major. La superficie de Marte soporta los niveles máximos de calor durante los acercamientos máximos al Sol. Las manchas más oscuras se hallan en el hemisferio sur, y se ven en la parte superior del planeta cuando éste se observa con un telescopio. Como la rotación del planeta dura poco más que un día terrestre, la imagen cambia en poco tiempo.

LOS ASTEROIDES

Entre Marte y Júpiter reside el cinturón de asteroides. Algunos de los asteroides se ven en el telescopio, y uno de ellos, Vesta, llega a apreciarse a simple vista. Muestran un aspecto estelar y hay que conocer su posición exacta en un mapa celeste detallado para asegurarse de que realmente hemos dado con ellos. Casi resulta indispensable un programa informático de planetario, ya que indica la posición exacta y la magnitud del objeto, lo que permite comprobar si el campo de visión y el mapa informático coinciden.

Derecha *Montaje de Saturno con sus cuatro satélites mayores.*

nuestra Tierra! No siempre se ve tan roja y, aunque en ocasiones destaca muchísimo, otras veces cuesta divisarla, como una mera mordedura en la banda que la alberga. Júpiter cambia sin cesar, por eso observarlo no cansa nunca. Cualquier telescopio mostrará los cuatro satélites galileanos que, por orden de distancia a Júpiter, son: Ío, Europa, Ganímedes y Calisto. Los que resultan visibles varían cada noche, puesto que los satélites transitan por delante y por detrás del disco del planeta. En muy buenas condiciones de visibilidad, llegan a detectarse cuando transitan ante el disco, y, a menudo, alguna de sus sombras se proyecta en la superficie del planeta y se divisa como un punto oscuro. En condiciones óptimas llega a verse incluso la forma circular de estos satélites y hasta se aprecia el color anaranjado de Ío.

FICHA DE DATOS DE JÚPITER

❀ **Relación con el Sol:**
El quinto planeta más cercano al Sol
Distancia media de 778 millones de km

❀ **Tamaño relativo:**
El planeta mayor del Sistema Solar
Su diámetro supera en 11 veces
el de la Tierra

❀ **Composición atmosférica:**
86 % de hidrógeno, 13% de helio,
nubes de metano y amoniaco

❀ **Órbita alrededor del Sol:**
11,9 años terrestres

❀ **Período de rotación:**
10 horas

❀ **Temperatura en superficie:**
-110 °C

❀ **Número de satélites:**
60 satélites

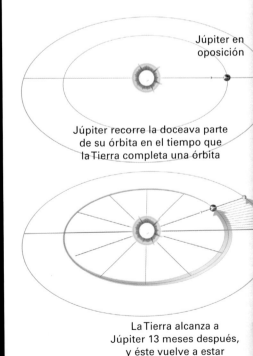

Júpiter en oposición

Júpiter recorre la doceava parte
de su órbita en el tiempo que
la Tierra completa una órbita

La Tierra alcanza a
Júpiter 13 meses después,
y éste vuelve a estar
en oposición

Los cuatro satélites galileanos, por orden de distancia con respecto a Júpiter, son: Ío (diámetro 3.630 km), Europa (3.138 km), Ganímedes (5.262 km) y Calisto (4.800 km); todos ellos deben su nombre a amantes o compañeras de Zeus y, ¿quién más que Zeus es el equivalente de Júpiter en la mitología griega? Todos, salvo Europa, son mayores que la Luna y son muy diferentes entre sí.

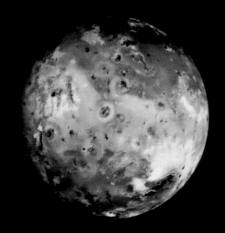

Ío

Ío (superior), el más cercano a Júpiter, experimenta a medida que orbita el planeta unas fuerzas de marea inmensas que alzan y hunden la superficie en unos 100 m. Esto genera muchísimo calor y probablemente explique los numerosos volcanes activos que hay en Ío.

Ganímedes

Ganímedes, el satélite más grande del Sistema Solar (sin fotografía), es un objeto helado en su mayor parte que no llega a tener la mitad de la masa de Mercurio. Consiste en un pequeño núcleo sólido rodeado por un manto rocoso de silicatos y una superficie de hielo.

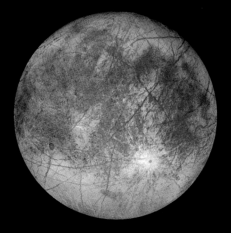

Europa

Europa (centro) tiene una superficie helada con pocos cráteres donde destacan fracturas gigantescas y bajo la cual tal vez haya lagos de agua líquida. Europa se considera uno de los lugares más probables del Sistema Solar para albergar vida.

Calisto

Este satélite galileano (derecha) es el único que no muestra signos de actividad geológica en la superficie, y el que presenta más cráteres, unos cráteres muy distintos de los que se observan en la Luna.

Saturno

Saturno es sencillamente precioso. En la superficie se divisan bandas tenues y, a veces, aparecen manchas blancas. Saturno es mucho menos dinámico que Júpiter, pero lo compensa con creces con el espléndido sistema de anillos que lo rodea. Los telescopios pequeños muestran tres anillos. Empezando desde fuera nos encontramos con el anillo exterior (A), el anillo brillante (B) y el anillo interior (C), llamado con frecuencia el anillo de crespón. Éste es más débil y mucho más difícil de ver. Entre los anillos A y B se aprecia un hueco oscuro que recibe el nombre de división de Cassini.

El sistema de anillos, consistente en una miríada de partículas de hielo que no superan 1 km de grosor, está inclinado en relación con el plano de la eclíptica. Los anillos se observan desde arriba o desde abajo a medida que el planeta recorre su órbita de 29,46 años. Cuando se sitúan de perfil prácticamente desaparecen. Los anillos se mostraron con la abertura máxima en 2003, de modo que permanecerán con buena visibilidad durante varios años. Saturno cuenta con cinco satélites fáciles de divisar con telescopios de aficionado. El más brillante, Titán, con magnitud 8,4, resulta sencillo de localizar, pero los cuatro restantes (Rea, Tetis, Dione y Encélado) son difíciles de diferenciar de las estrellas. Para identificarlos ser-

FICHA DE DATOS DE SATURNO

Relación con el Sol:
El sexto planeta en distancia al Sol
Distancia media de 1.427 millones de km

Tamaño relativo:
El segundo planeta más grande del
Sistema Solar

Composición atmosférica:
96 % de hidrógeno, 3 % de helio,
trazas de metano y amoniaco

Órbita alrededor del Sol:
29,5 años

Período de rotación:
10 horas

Temperatura en superficie:
-140 °C

Número de satélites:
30 satélites

Superior *Imagen* Voyager *del sistema de anillos de Saturno que ilustra la compleja estructura interna. La banda oscura es la división de Cassini.*

virá de gran ayuda un programa informático que muestre estrellas hasta magnitud 11. En las revistas de astronomía aparecen mapas mensuales que muestran la posición que ocupan con respecto a Saturno.

Urano

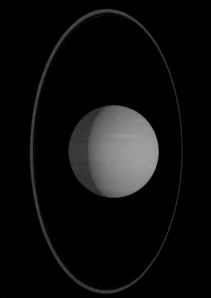

Urano es el primer planeta descubierto en tiempos modernos (por Wilhelm Herschel en 1781 desde la ciudad de Bath, donde ejercía como organista). La mayor parte de la información actual sobre Urano se logró con la visita que realizó la sonda *Voyager 2* al planeta en 1986; aquel sobrevuelo reveló 10 de los satélites más pequeños de este planeta. Urano tiene 21 satélites conocidos y también está rodeado por 11 anillos tenues, el más exterior de los cuales se denomina anillo épsilon. El planeta presenta un tamaño angular de 3,7 segundos de arco y magnitud 6. Tiene una tonalidad azul turquesa y, en condiciones perfectas de visibilidad, llega a detectarse incluso a simple vista.

Geología de Urano

El núcleo rocoso de Urano está envuelto en hielo de agua, amoniaco y metano, y la atmósfera consiste sobre todo en hidrógeno. El aspecto azulado del planeta se debe a los gases de metano de la atmósfera, los cuales absorben la luz roja y, por tanto, emiten un reflejo azul verdoso.

Un planeta tumbado

El eje de rotación de Urano presenta una inclinación de 98°, lo que lo mantiene tumbado casi al mismo nivel que el plano de su órbita alrededor del Sol. Se cree que el planeta pudo colisionar con otro objeto que lo tumbó sobre un costado. Esto da lugar a cambios extremos en cada estación del año, cuando el polo norte o sur de Urano apuntan directos hacia el Sol a lo largo del año del planeta y experimentan, en efecto, 42

FICHA DE DATOS DE URANO

Relación con el Sol:
El séptimo planeta
Distancia media de 2.870 millones de km

Tamaño relativo:
Un tercio del tamaño de Júpiter

Composición atmosférica:
83 % de hidrógeno, 15 % de helio, 2 % de metano

Órbita alrededor del Sol:
84 años

Período de rotación:
17 horas 14 minutos

Temperatura en superficie:
-195 °C de promedio

Número de satélites:
21 (conocidos)

años de día y 42 años de oscuridad. Desde 1994 el telescopio espacial Hubble ha observado el planeta en luz visible e infrarroja, y ha revelado zonas de rotación rápida y el desarrollo de nubes a gran altura a medida que el hemisferio norte del planeta va emergiendo de la oscuridad hacia la luz de manera gradual.

Neptuno

Johann Galle descubrió en 1846 desde Berlín el gigante gaseoso más distante, Neptuno. Para ello se apoyó en las predicciones de su existencia y ubicación emitidas por John Couch Adams desde Cambridge y por Urbain Leverrier desde París, a partir de los efectos que induce en la órbita de Urano. Neptuno, de magnitud 7,8, no se detecta a simple vista, pero es fácil de localizar con unos prismáticos buenos. Se precisa un telescopio para apreciar el disco azulado del planeta, una tonalidad que se debe a que el metano de la atmósfera absorbe los rayos de luz roja y las partículas azuladas de hielo de las nubes suspendidas sobre Neptuno.

FICHA DE DATOS DE NEPTUNO

◈ Relación con el Sol:
El planeta alejado del Sol
Distancia media de 4.497 millones de km

◈ Tamaño relativo:
Unas cuatro veces el diámetro de la Tierra

◈ Composición atmosférica:
79 % de hidrógeno, 18 % de helio, 3 % de metano, 1 % trazas de otros gases

◈ Órbita alrededor del Sol:
164,8 años terrestres

◈ Período de rotación:
16 horas 7 minutos

◈ Temperatura en superficie:
-200 °C

◈ Número de satélites:
8 satélites

Rasgos superficiales

El rasgo más notable de la superficie lo conformaba la gran mancha oscura, aunque imágenes recientes del telescopio espacial Hubble ilustran que ha desaparecido. En la atmósfera también se divisaban nubes brillantes en forma de cirros y formadas por cristales de hielo de metano, situadas entre 50 y 70 km por encima de la capa nubosa principal. Las capas atmosféricas giran más despacio en el ecuador que en los polos y tardan unas 18 horas en completar una revolución. Neptuno tiene tres anillos oscuros y fantasmales según reveló la *Voyager 2* en 1989. Los anillos portan el nombre de los astrónomos Galle, Leverrier y Adams. Galle es el anillo más ancho y cercano al planeta.

Página siguiente izquierda *En esta imagen se ve la gran mancha oscura de Neptuno.*

Tritón

Tritón, el satélite más grande y brillante de Neptuno (con una magnitud visual de 13,5), cuenta con un diámetro de 2.706 km. Orbita Neptuno en sentido retrógrado (el único satélite grande del Sistema Solar que lo hace así) desde una distancia de 355 km y con un período de 5,9 días.

Esta luna, fotografiada por la *Voyager 2*, presenta una superficie arrugada compleja carente de montañas, aunque evidencia grietas de hasta 80 km de ancho. Esta fotografía (el recuadro interior) revela erupciones de penachos que se elevan sobre Tritón y el viento luego arrastra hasta 100 km de distancia.

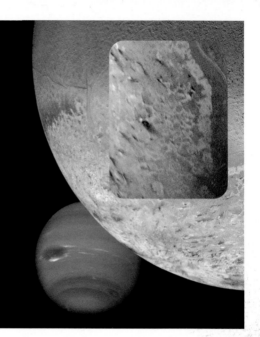

El satélite más grande de Neptuno, Tritón, se descubrió poco después que el planeta. Tiene un diámetro de 2.706 km y orbita Neptuno en sentido retrógrado (el único satélite grande del Sistema Solar que lo hace así) en un período de 5,9 días. Nereida, la segunda luna más grande de Neptuno, no se descubrió hasta 1949, mientras que los seis satélites restantes fueron detectados por la *Voyager 2* en 1989.

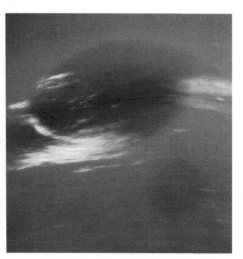

Inferior *Esta imagen en color del telescopio espacial Hubble proporciona cierta idea sobre las ventosas bandas atmosféricas de Neptuno.*

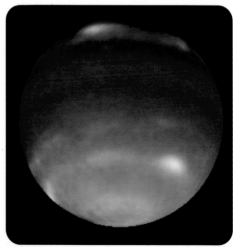

FICHA DE DATOS DE PLUTÓN

Relación con el Sol:
Distancia media de 5.900 millones de km

Tamaño relativo:
Diámetro de 2.302 km (inferior al de la Luna)

Composición atmosférica:
Gas nitrógeno, trazas de monóxido de carbono, metano y otros gases

Órbita alrededor del Sol:
248,6 años terrestres

Período de rotación:
6 días 9 horas

Temperatura en superficie:
-225 °C

Número de satélites:
3 satélites

Plutón, un planeta enano

En 2006, la Unión Astronómica Internacional decidió redefinir lo que denominamos planeta. Esta definición excluye a Plutón, el cual se sitúa ahora en la clasificación de planeta enano. Como Plutón es mucho más pequeño de lo que se pensó en el momento de su hallazgo, y tiene un diámetro de sólo 2.302 km (menor incluso que el de la Luna, cuyo diámetro asciende a 3.476 km), tal vez no sorprenda mucho esta reclasificación. Caronte, el mayor satélite de Plutón, se descubrió a 19.000 km de distancia del planeta. Caronte tarda lo mismo en orbitar alrededor de Plutón, que Plutón en rotar sobre su eje, es decir, tienen una rotación sincronizada y ambos muestran la misma cara a medida que giran. La órbita de Plutón es inusual porque, en lugar de seguir una trayectoria casi circular cerca del plano elíptico, sitúa el planeta a unos 4.400 millones de km de distancia del Sol en el punto más cercano de la órbita (perihelio) y a unos 7.300 millones de km en el punto más alejado de la misma (afelio). ¡Cuando se acerca al máximo al Sol, se sitúa más cerca de él que Neptuno!

Observación de Plutón

Plutón supone un verdadero reto. Su magnitud de 13,8 exige cielos nítidos y un telescopio mínimo de 200 mm desde un lugar de observación muy oscuro. La mayoría de los años, las revistas astronómicas incluyen un mapa con el recorrido de Plutón por el firmamento e indican cómo localizarlo a partir de alguna estrella brillante cercana. Desde 2000 a 2020 se desplazará lentamente desde la región meridional de Ofiuco hacia Sagitario, de modo que permanecerá bajo para observarlo desde el hemisferio norte.

Página siguiente superior *Esta composición fotográfica muestra a Júpiter y al cometa Shoemaker-Levy 9 aproximándose, y se montó a partir de varias imágenes distintas tomadas por el telescopio espacial Hubble.*

Cometas

Mucho más allá de la órbita de Plutón reside la Nube de Oort, una región que dista entre 1 y 3 años-luz del Sol y donde Ernst Öpik sugirió por primera vez, en 1932, la existencia de una concentración de desechos del Sistema Solar. Se trata de trozos de hielo y polvo (bolas de nieve sucia, sería una buena descripción), denominados núcleos cometarios, cuyas dimensiones llegan a sumar muchos kilómetros. A veces, interacciones producidas quizá por el paso de una estrella los lanzan en dirección al Sol y, cuando alcanzan el Sistema Solar interior, el calor del Sol evapora el hielo de la superficie y los despoja del polvo que los integra, el cual forma una cola curvada de color blanco amarillento que se extiende a lo largo de la trayectoria del cometa. Los gases liberados forman una cabellera o coma alrededor del núcleo y una segunda cola ionizada menos brillante que apunta justo en dirección opuesta al Sol. ¡Los cometas brindan las imágenes celestes más espectaculares!

Una órbita excéntrica

a órbita de Plutón difiere de las de s planetas. Mientras que los planetas recorren órbitas casi circulars próximas al plano de la eclíptica, la de Plutón lleva este objeto esde unos 4.400 millones de distana del Sol, en el punto más próximo a él erihelio), hasta 7.300 millones de km de stancia en el punto de su órbita más alejado e él (afelio). Durante un tramo corto de esta órta, recorrido por el planeta entre septiembre de 1979 ebrero de 1999, Plutón se sitúa más cerca del Sol que ptuno. Plutón nunca chocará con Neptuno porque su órbita mane, además, una inclinación de 17° con respecto al plano de la líptica, y se desplaza desde 1197 millones de km al norte del ano hasta 1.945 millones de km al sur de la misma.

Lluvias meteóricas

Cada vez que un cometa de período corto (los que quedan capturados en órbita en el Sistema Solar) da una vuelta al Sol, libera polvo que, poco a poco, se distribuye por toda la órbita y deja tras de sí una estela de polvo por el Sistema Solar. A medida que la Tierra recorre su propia órbita alrededor del Sol, atraviesa esa estela y «barre» algunas de las partículas de polvo. Éstas se precipitan a la atmósfera, donde se incineran y dejan un rastro meteórico o estrella fugaz. Casi todas las noches se ven varios rastros meteóricos dejados por meteoros *esporádicos*.

Varias veces al año, la Tierra atraviesa una corriente de polvo especialmente rica y entonces se produce lo que denominamos una lluvia de estrellas, o corriente meteórica, que parece radiar desde un punto del cielo denominado radiante. Cada lluvia recibe el nombre de la constelación en la que radica el radiante.

En ocasiones, la Tierra atraviesa un lugar de la órbita de un cometa próximo a la posición real del cometa.

Entonces surge la ocasión de contemplar una tormenta de meteoros, durante las cuales llegan a verse ¡más de 1.000 meteoros por hora! Las revistas de astronomía informan sobre la posibilidad de presenciar estos eventos espectaculares.

LLUVIAS METEÓRICAS ANUALES

CUADRÁNTIDAS	4/5	enero (radiante en Bootes)
PERSEIDAS	11/12	agosto
LEÓNIDAS	18/19	noviembre
ORIÓNIDAS	21/22	octubre
GEMÍNIDAS	13/14	diciembre

¿SE HA DESCUBIERTO UN PLANETA NUEVO?

En la región situada más allá de Neptuno se han descubierto cuerpos nuevos llamados objetos transneptunianos u objetos del cinturón de Kuiper. Hasta hace poco el más grande era Quaoar, con unos 1.290 km de diámetro, pero en marzo de 2004 se comunicó el hallazgo de Sedna, con un diámetro posible de 1.770 km. Otro objeto grande lo constituye Éride, descubierto en 2003. Se trata del objeto más distante observado en órbita alrededor del Sol. En 2006, la Unión Astronómica Internacional (UAI) calificó a Éride como «planeta enano», término que incluye tanto a Plutón como a Ceres. En 2006, la UAI acuñó otro término para designar los objetos que no son ni planetas ni planetas enanos. Ahora se llaman cuerpos menores del Sistema Solar.

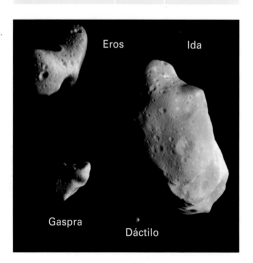

Eros
Ida
Gaspra
Dáctilo

Izquierda *Fotografías de los asteroides Eros, Gaspra e Ida con su compañero Dáctilo.*
Página siguiente *Las espectaculares Leónidas, una lluvia de meteoros anual.*

5

EL CIELO EN UN AÑO

Este capítulo contiene mapas estelares para las cuatro estaciones del año que facilitan la orientación en el firmamento. Cada estación cuenta con dos mapas celestes que ilustran las constelaciones más visibles en esa época tanto para observaciones boreales como australes. Los mapas pretenden favorecer el aprendizaje de las posiciones relativas que ocupan las constelaciones principales. El texto se ha dividido en cuatro apartados, uno para cada una de las cuatro estaciones del año, definidas mediante el mes central de cada estación (enero, abril, julio y octubre). Cada mapa contiene una descripción breve del firmamento, seguida por algunas particularidades de las constelaciones, junto con referencias a los objetos interesantes que albergan en su interior y que forman parte de la A-List, los cuales se describen en detalle en el capítulo 6.

Página anterior *Mapa de Julius Schiller de las constelaciones cristianas aparecido en el* Atlas celeste o La armonía del universo *(1661).*

El cielo de enero

Hemisferio norte

Orión se sitúa sobre el ecuador celeste y depara uno de los paisajes estelares más bellos de todo el año desde ambos hemisferios. Betelgeuse (Betelgeuse) reside en el extremo superior izquierdo, mientras que Rigel se halla en el inferior derecho. La prolongación de las tres estrellas del cinturón de Orión hacia la derecha superior apunta hacia la constelación de Tauro, con su brillante estrella rojo-anaranjada Aldebarán (Aldebaran). Hacia la izquierda inferior se llega a la estrella brillante Sirio (Sirius) del Can Mayor. Un arco hacia el cenit desde Orión conduce a la estrella amarilla Capela (Capella), la más brillante del Cochero (Auriga), mientras que a la izquierda superior de Orión se halla Géminis con las estrellas «gemelas» Cástor (Castor, más alta en el cielo) y Pólux (Pollux). Entre Géminis y el Can Mayor reside el Can Menor con la estrella Proción (Procyon).

Hemisferios norte y sur

Orión (Orion)

Orión es el cazador que opone un palo y un escudo a la carga del Toro, Tauro. Alfa (α) Orionis, o Betelgeuse (Betelgeuse), la estrella de la izquierda superior (de la derecha inferior desde el hemisferio sur), es una supergigante roja cuyo tamaño oscila entre 300 y 400 veces el del Sol. En la derecha inferior de Orión (o izquierda superior desde el sur) se halla beta (β) Orionis, o Rigel, una supergigante azul que dista del Sol el doble que Betelgueuse y que cuenta con una compañera de 7ª magnitud. Las tres estrellas del cinturón de Orión se encuentran a unos 1.500 años-luz de distancia. Debajo de la estrella central del cinturón pende la «espada» de Orión, que alberga la nebulosa de Orión, o M42 (❀ pág. 152). M42 es una región donde se forman estrellas a partir de polvo y gas que lucen por la luz de un grupo de estrellas jóvenes muy calientes inmersas en su interior, el Trapecio.

Hemisferio sur

Orión luce (cabeza abajo) en el cielo septentrional, con Rigel en el extremo superior izquierdo, y Betelgueuse (Betelgeuse) en el extremo inferior derecho. Las estrellas del cinturón apuntan hacia la derecha a Sirio (Sirius), en el Can Mayor, y hacia la izquierda inferior a Aldebarán (Aldebaran, brillante y rojo-anaranjada), en Tauro. A la derecha inferior de Orión se hallan las gemelas Cástor (Castor) y Pólux (Pollux, más alta en el cielo) en Géminis y sobre el horizonte septentrional asoma Capela (Capella), en el punto más bajo de Auriga. Proción (Procyon), en el Can Menor, fulgura a la derecha superior de Pólux y a la derecha inferior de Sirio. En la vertical se halla Canopo (Canopus), la segunda estrella más brillante del cielo. Con cielos nítidos debería verse al sur de Canopo la Nube Mayor de Magallanes, una galaxia irregular enana muy próxima, en la Dorada.

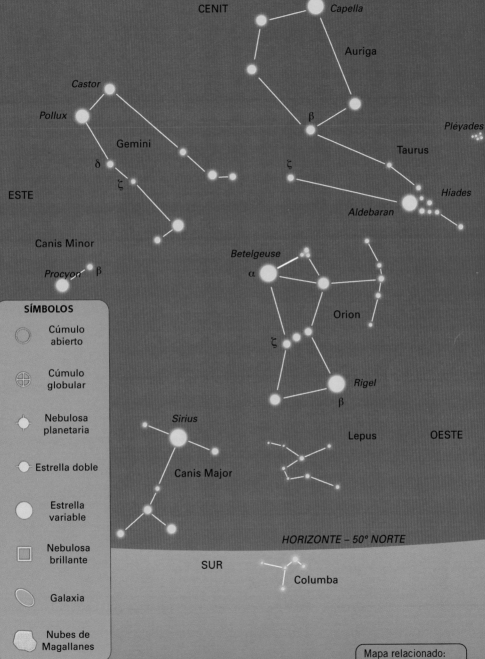

CIELO DE ENERO: HEMISFERIO NORTE

CENIT

Capella

Auriga

Castor

Pollux

β

Gemini

Pléyades

δ

Taurus

ζ

ζ

ESTE

Híades

Aldebaran

Canis Minor

Betelgeuse

Procyon   β

α

Orion

SÍMBOLOS

Cúmulo abierto

Cúmulo globular

Nebulosa planetaria

Estrella doble

ζ

Rigel

Sirius

β

Estrella variable

Lepus   OESTE

Canis Major

Nebulosa brillante

HORIZONTE – 50° NORTE

Galaxia

SUR

Columba

Nubes de Magallanes

Mapa relacionado: pág. 107

Canopus

Vela

Carina   HORIZONTE – 30° NORTE

87

Can Mayor (Canis Major)

Sirio (Sirius), la estrella del Can, es la más brillante del cielo. Esto se debe, en parte, a que, con una magnitud absoluta de -1,46, es 20 veces más brillante que el Sol, y, en parte, a que se encuentra bastante próxima, a tan sólo 8,7 años-luz de distancia. Tiene una compañera de 8ª magnitud, Sirius B, que es una enana blanca de un tamaño similar al de la Tierra, pero con la misma masa que el Sol. Esta enana resulta muy difícil de ver porque se pierde en la claridad de Sirio. Al sur de Sirio reside el cúmulo abierto M41 (❀ pág. 128).

Tauro, Toro (Taurus)

Tauro, o el Toro, es una de las constelaciones más bellas del firmamento. La cabeza aparece delineada por el cúmulo estelar en forma de V de las Híades (❀ pág. 164), el ojo por la estrella anaranjada gigante Aldebarán (Aldebaran), y el extremo de los cuernos por las estrellas beta (β) y dseda (ζ) Tauri. A un tercio de la separación que media entre Aldebarán y beta (β) Tauri se encuentra un cúmulo abierto, NGC 1647, bastante eclipsado por su impresionante vecino. Un poco más allá de dseda (ζ), en dirección a beta (β) Tauri, se observa la primera entrada del catálogo Messier, M1 o la nebulosa del Cangrejo (❀ pág. 167). La joya de Tauro la encarna el cúmulo abierto M45, llamado las Pléyades (❀ pág. 166). A menudo se lo llama también las Siete Cabrillas, lo que implica que a simple vista se aprecian siete estrellas, pero, en realidad, en cielos nítidos suelen verse seis estrellas, aunque en condiciones ideales la gente con vista muy aguda llega a divisar 10.

Géminis, Gemelos (Gemini)

Las cabezas de los gemelos las señalan las estrellas brillantes Cástor (Castor) y Pólux (Pollux), con magnitudes 1,6 y 1,1 respectivamente. Cerca del «pie» del gemelo Cástor se divisa con prismáticos el cúmulo abierto M35 (❀ pág. 144), en la línea que media entre Cástor y beta (β) Canis Minoris, y en la misma declinación que dseda (ζ) Geminorum cae la nebulosa planetaria NGC 2392 (❀ pág. 144), llamada nebulosa del Esquimal. Ésta se muestra como un disco azulado borroso de un tamaño parecido al de Saturno, por eso estos objetos se denominan nebulosas planetarias. El disco es materia expulsada por la estrella de 10ª magnitud que reside en el centro.

Auriga, Cochero (Auriga)

La forma hexagonal del Cochero representa un auriga. La estrella más sobresaliente, Capela (Capella), es la sexta más brillante del cielo. Es de color amarillo y, en realidad, consiste en un par de estrellas gigantes situadas a 46 años-luz de distancia de nosotros. Cerca de Capela yace épsilon (ε) Aurigae, que experimenta descensos de brillo de 3ª a 4ª magnitud cada 27 años que la mantienen con mag. 4 durante 14 meses. Se cree que entonces queda oscurecida por el disco de polvo que rodea su estrella compañera. El próximo eclipse comenzará hacia finales de 2009. Auriga se halla en el plano de la Galaxia, por eso es de esperar que se aprecien signos de formación estelar a modo de cúmulos estelares abiertos como M36, M37 y M38, todos ellos situados dentro de sus fronteras.

Sólo hemisferio sur

Dorada (Dorado)

Johann Bayer introdujo esta constelación en su atlas estelar *Uranometria* de 1603 y suele decirse que representa una carpa dorada. En realidad, el nombre procede del español y alude al pez que se conoce como dorado, o lampuga, pero a pesar de ello en castellano actual suele usarse el nombre Dorada, ¡que corresponde a otro pez! No tiene estrellas brillantes, pero alberga la Nube Mayor de Magallanes, o NMaM (❀ pág. 140), que se divisa como una mancha nubosa en noches nítidas y sin Luna. Justo separada por la barra central de esta galaxia hay una de las mayores regiones de formación estelar que se conocen; reci-

CIELO DE ENERO: HEMISFERIO SUR

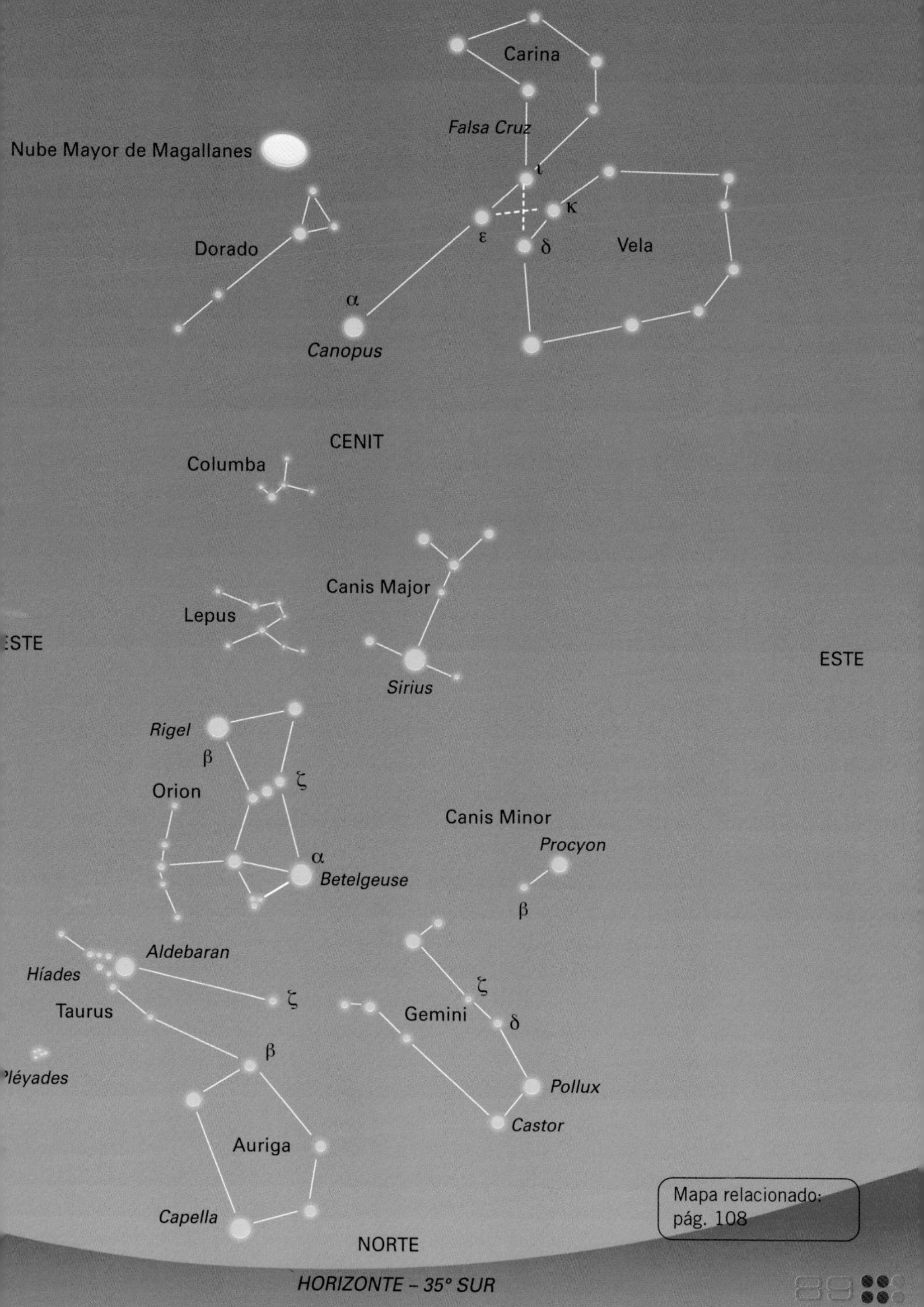

Carina
Falsa Cruz
Nube Mayor de Magallanes
ι
κ
ε
δ
Vela
Dorado
α
Canopus
CENIT
Columba
Canis Major
Lepus
STE
ESTE
Sirius
Rigel
β
ζ
Orion
Canis Minor
Procyon
α
Betelgeuse
β
Aldebaran
Híades
ζ
Taurus
ζ
Gemini
δ
β
léyades
Pollux
Castor
Auriga
Capella
NORTE
HORIZONTE – 35° SUR

Mapa relacionado: pág. 108

be el nombre de nebulosa Tarántula, (⚛ pág. 140) porque sus arcos retorcidos de gas tienen aspecto de araña. La nebulosa mide unos 1.000 años-luz de diámetro y, de encontrarse a la misma distancia que la nebulosa de Orión, se vería mayor que toda la constelación de Orión y ¡hasta llegaría a proyectar sombras!

Osa Mayor (Ursa Major). La vaga constelación de la Hidra se abre camino hacia el sur desde su cabeza situada justo debajo de Cáncer.

Quilla (Carina)

Se trata de la quilla de Argos, el navío que usó Jasón para viajar en busca del Vellocino de Oro según la mitología griega. En términos celestes, Argos fue una constelación inmensa que ha quedado dividida en cuatro constelaciones: Quilla (Carina), Brújula (Pyxis), Popa (Puppis) y Vela. En el extremo occidental de la constelación, Canopo (Canopus o alfa –α– Carinae, antes alfa Argus) es la segunda estrella más brillante del firmamento, con una magnitud de -0,72. Para lucir tanto desde una distancia de 1.200 años-luz, debe tener una luminosidad extrema y, en efecto, ¡es 200.000 veces más brillante que el Sol! Dos de las estrellas de la Quilla, épsilon (ε) e iota (ι) Carinae, conforman la Falsa Cruz junto con dos estrellas de la Vela situadas al norte. Casi en el centro de la separación que media entre la Falsa Cruz y la Cruz del Sur, al este, se halla la nebulosa Ojo de la Cerradura, también conocida como nebulosa de eta Carinae, debido a que la estrella de casi 7ª magnitud que alberga en su seno es eta (η) Carinae.

El cielo de abril

Hemisferio norte

Al dirigir la mirada al sur tras los anocheceres primaverales se ven Géminis y el Can Menor poniéndose por el oeste, y la constelación de Leo, con la brillante Régulo (Regulus), alta en el firmamento meridional. Entre Leo y Géminis se halla la tenue constelación de Cáncer, y más baja a la izquierda, en el sudeste, se ve la brillante Espiga (Spica) en Virgo. Justo al norte del cenit reside el Carro, que forma parte de la constelación de la

Hemisferios norte y sur

Leo, León (Leo)

Leo es una de las pocas constelaciones que se parecen a su nombre. La melena y la cabeza del León forman un arco, llamado la Hoz, en cuya base reside la estrella Régulo (Regulus), blanquiazul y de magnitud 1,4. Ésta es cinco veces mayor que el Sol y dista 90 años-luz. Algieba, que representa el cuello, se resuelve en una doble espléndida. Estas dos gigantes de color amarillo dorado se orbitan entre sí cada 600 años. Leo alberga, además, dos grupos de galaxias también dignos de observar. En una ascensión recta ocho grados mayor que Régulo y en su misma declinación yacen las tres galaxias M95, M96 (⚛ pág. 148) y M105, a unos 27 millones de años-luz de distancia. Cerca de zeta (θ) Leonis se hallan M65 y M66 (⚛ pág. 147), que se muestran como dos manchas borrosas de luz en telescopios pequeños.

Cáncer, Cangrejo (Cancer)

Aunque el Cangrejo no posee estrellas más brillantes de magnitud 3,5, sí alberga un objeto precioso para prismáticos: el cúmulo de la Colmena, también conocido como el Pesebre y que tiene la entrada 44 en el catálogo de Messier. A simple vista, M44 (⚛ pág. 124) se aprecia como una mancha borrosa con un diámetro tres veces mayor que el de la Luna.

Virgo, Virgen (Virgo)

Virgo, la doncella que sostiene una espiga de trigo, no destaca especialmente y sólo cuenta con una es-

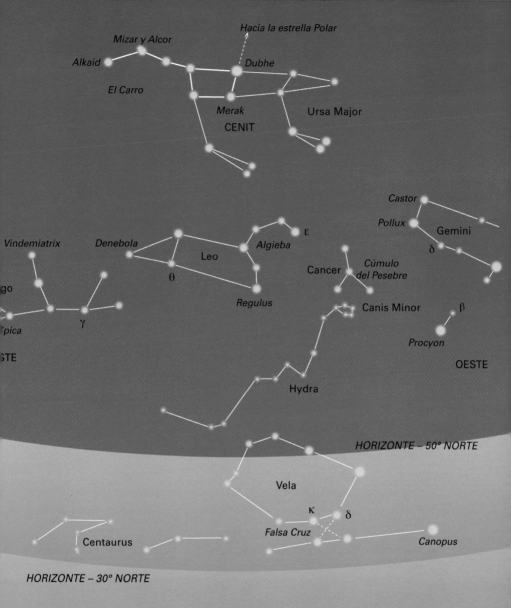

Mapa relacionado:
pág. 109

91

trella muy sobresaliente de 1ª magnitud: la Espiga (Spica). La segunda más brillante desde Espiga hacia Leo, gamma (γ) Virginis, o Porrima (❀ pág. 176), es doble. En la región de Virgo próxima a Denébola, la «cola» del León, reside el centro del cúmulo de galaxias de Virgo. El catálogo de Messier contiene 13 galaxias de esta región, que son visibles con telescopios pequeños en cielos oscuros y nítidos. La más brillante es M87 (❀ pág. 174), situada en la línea que une Denébola con la Vendimiadora (Vindemiatrix), en Virgo. Hacia la constelación del Cuervo (Corvus) luce la galaxia espiral de perfil M104 (❀ pág. 176), llamada galaxia Sombrero y cuyo centro está atravesado por una banda sobresaliente de polvo.

Sólo hemisferio norte

Osa Mayor (Ursa Major)

Las estrellas del Carro forman una de las figuras estelares más conocidas del firmamento boreal. El asterismo del Carro forma parte de la constelación de la Osa Mayor, ¡la cual no resulta nada fácil de identificar! Las estrellas Merak y Dubhe sirven de punteros para localizar la estrella Polar (Polaris) y, por tanto, el norte. Las estrellas Alcor y Mizar (❀ pág. 170) forman una doble que se resuelve a simple vista y merece la pena observar con telescopios pequeños, ya que Mizar es, a su vez, una doble fácil de resolver. La Osa Mayor alberga también objetos difusos interesantes. En el extremo superior derecho de la constelación hay un par de galaxias en interacción: M81 y M82 (❀ pág. 170). Otra galaxia, M101, presenta el aspecto de una girándula pirotécnica, de ahí su otro nombre de galaxia Girándula. Situada sobre las dos estrellas más a la izquierda del pértigo del Carro, forma un triángulo con ellas. Se localiza a partir de Mizar si se sigue una línea de estrellas de 5ª y 6ª magnitud que va hacia ella. Es una galaxia espiral de tipo Sc orientada de frente que dista unos 24 millones de años-luz. Estas galaxias tienen un núcleo bastante reducido y brazos espirales abiertos. Otra galaxia preciosa es M51 (❀

pág. 172), aunque yace justo fuera de la linde de esta constelación, cerca de Alkaid, la estrella del extremo izquierdo del Carro.

El cielo de abril

Hemisferio sur

Leo, tumbado sobre su lomo, luce al norte, mientras que Cástor (Castor) y Pólux (Pollux), en Géminis, se ponen por el oeste a su izquierda. Entre Leo y Géminis se halla la tenue constelación de Cáncer, mientras que a la derecha superior de Leo luce la Espiga (Spica), la única estrella brillante de Virgo. Sobre la Vía Láctea y justo al sudeste del cenit se encuentra la pequeña constelación de la Cruz del Sur (Crux). Algo al nordeste de ella y rodeándola por tres costados se halla el Centauro (Centaurus). Las dos estrellas muy brillantes alfa (α) y beta (β) Centauri actúan como punteros para llegar a la Cruz del Sur. Cuatro estrellas situadas al oeste del cenit forman otra cruz llamada Falsa Cruz porque suele confundirse con la verdadera Cruz del Sur, algo menor.

Sólo hemisferio sur

Cruz del Sur (Crux)

Ácrux (Acrux o alfa –α– Crucis; ❀ pág. 134), la estrella más brillante de las que componen la cruz, es un sistema triple de estrellas azules a 500 años-luz de distancia. Cerca de la estrella más oriental de la cruz, beta (β) Crucis (Becrux), radica NGC 4755, C94, también llamado el Joyero (❀ pág. 136) porque las estrellas entre 6ª y 8ª mag. que lo conforman parecen «un cofrecillo de gemas de diversos colores», según afirmó John Herschel. Justo al sur de beta Crucis hay una región mucho más oscura que

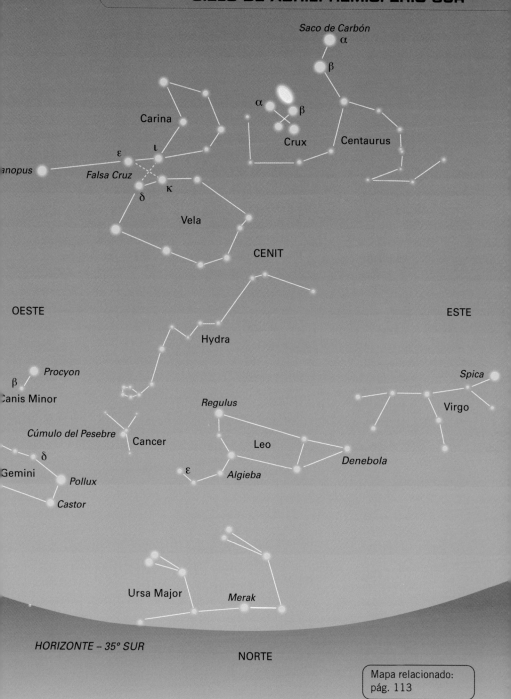

Saco de Carbón

α
β

Carina

α
β

Crux

Centaurus

ε   ι

Falsa Cruz

δ   κ

Vela

anopus

CENIT

OESTE

ESTE

Hydra

β   Procyon

Spica

Canis Minor

Virgo

Regulus

Cúmulo del Pesebre

Cancer

Leo

δ

ε   Algieba

Denebola

Gemini   Pollux

Castor

Ursa Major

Merak

HORIZONTE – 35° SUR

NORTE

Mapa relacionado:
pág. 113

la Vía Láctea circundante. Recibe el nombre de Saco de Carbón, C99 (❀ pág. 136), y es una nebulosa oscura con más de 7° de ancho, formada por polvo y que oculta las estrellas más distantes. Es un objeto idóneo para prismáticos.

Centauro (Centaurus)

Alfa Centauri (❀ pág. 132) es un sistema estelar triple a tan sólo 4,4 años-luz de distancia. Consiste en dos estrellas brillantes, A y B, con una compañera de 11ª magnitud, C, situada a casi 2° de separación. En este momento, C es la estrella más próxima al Sol, por eso se la denomina Proxima Centauri. Proxima tiene magnitud 10 y es una enana roja cuya masa asciende a la décima parte de la del Sol y cuyo diámetro sólo mide 200.000 km. Es una estrella de las llamadas fulgurantes porque casi cada seis meses su brillo aumenta en toda una magnitud cuando expulsa fulguraciones gigantescas desde la superficie. El Centauro alberga dos objetos de la A-List: Omega (ω) Centauri (❀ pág. 132), el cúmulo globular más bello de todo el cielo, y la galaxia de 7ª magnitud NGC 5128, llamada Centaurus A (❀ pág. 133) por tratarse de una de las radiofuentes más intensas del firmamento.

El cielo de julio

Hemisferio norte

La estrella Vega, en la Lira, luce casi en la vertical, con el Cisne algo al este, cuya cola la forma la estrella Deneb (alfa –α– Cygni) y cuya parte central también recibe el nombre de Cruz del Norte. Abajo, al sudeste, se halla la estrella brillante Altair, en el Águila. Vega, Deneb y Altair forman lo que se denomina el Triángulo del Verano. Arturo (Arcturus), en el Boyero (Bootes), luce alto en el oeste, y la línea que une Vega con Arturo atraviesa Hércules y la Corona Boreal. En el sur, ya bajos, lucen Sagitario y Escorpio, este último con la sobresaliente estrella Antares.

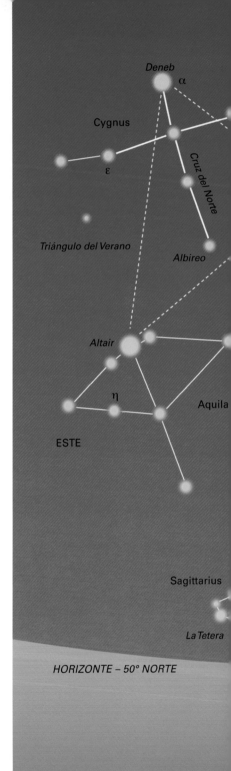

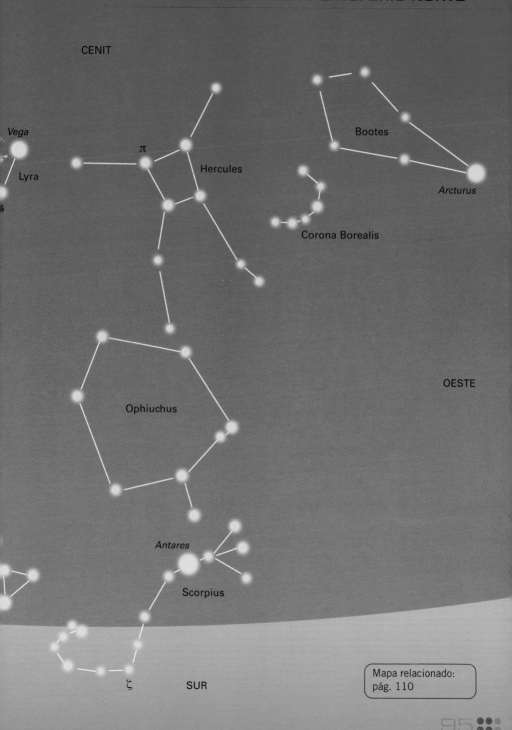

CENIT

Vega

Lyra

π

Hercules

Bootes

Arcturus

Corona Borealis

OESTE

Ophiuchus

Antares

Scorpius

ζ

SUR

Mapa relacionado:
pág. 110

95

Hemisferios norte y sur

Lira (Lyra)

La Lira está dominada por su estrella más brillante, Vega, la quinta más destacada del cielo. Es una estrella blanquiazul de magnitud 0,03 situada a 26 años-luz de distancia. Tiene tres veces la masa del Sol y es unas 50 veces más brillante, lo que significa que quema el combustible nuclear mucho más deprisa y, en consecuencia, brillará durante menos tiempo. Vega es mucho más joven que el Sol, tal vez sólo sume unos cuantos cientos de millones de años de edad, y está rodeada por un disco oscuro y frío de polvo en el que se está gestando un sistema planetario embrionario.

Un sistema estelar múltiple precioso, llamado épsilon (ε) Lyrae (✹ pág. 150), se halla a la izquierda superior de Vega, y entre beta (β) y gamma (γ) Lyrae reside la nebulosa Anular, el objeto número 57 del catálogo de Messier (✹ pág. 152).

Cisne (Cygnus) y Zorra o Raposa (Vulpecula)

El Cisne (Cygnus) recibe a veces el nombre de Cruz del Norte por su llamativa figura en forma de cruz, pero por lo común lo imaginamos con un cisne volando. Deneb, vocablo árabe para «cola», es una estrella de magnitud 1,3 que señala la cola del Cisne. Dista casi 2.000 años-luz y se ve tan brillante sencillamente porque su luminosidad es unas 80.000 veces mayor que la del Sol.

La estrella Albireo (✹ pág. 136), que marca la cabeza del Cisne, es mucho más débil, pero a través de telescopios pequeños se aprecia que consiste en dos estrellas, una ámbar y otra verdiazul, que juntas brindan un contraste precioso de colores. Al sur de la estrella que representa el brazo izquierdo de la Cruz del Norte, épsilon (ε) Cygni, yace el remanente de supernova de una estrella que estalló unos 15.000 años atrás. La región más brillante, visible en cielos oscuros y nítidos, se llama nebulosa de los Encajes, C34 (✹ pág. 138). El Cisne se despliega a lo largo de la banda de la Vía Láctea y ostenta numerosas estrellas y cúmulos para observar. En noches oscuras y nítidas se divisa una franja oscura en la Vía Láctea, llamada Grieta del Cisne, situada en el costado del Cisne más próximo a Altair. Este objeto se debe a la ocultación de la luz de estrellas distantes por una banda de polvo que reside en el mismo brazo espiral que nosotros. En esta grieta y en la constelación de la Zorra, sobre la línea que une Vega con Altair, hay un asterismo (una figura estelar casual) precioso que se conoce como cúmulo de la Percha (✹ pág. 178) porque parece exactamente eso visto a través de prismáticos. La Zorra también alberga una nebulosa planetaria, M27 o nebulosa de la Haltera (✹ pág. 178), que bien vale la pena localizar.

OESTE

Arctur

El cielo de julio

Hemisferio sur

En la vertical, dentro del arco de la Vía Láctea, lucen Sagitario y Escorpio, este último con la brillante estrella Antares. Si se sigue la Vía Láctea hacia el nordeste, se halla la sobresaliente estre-

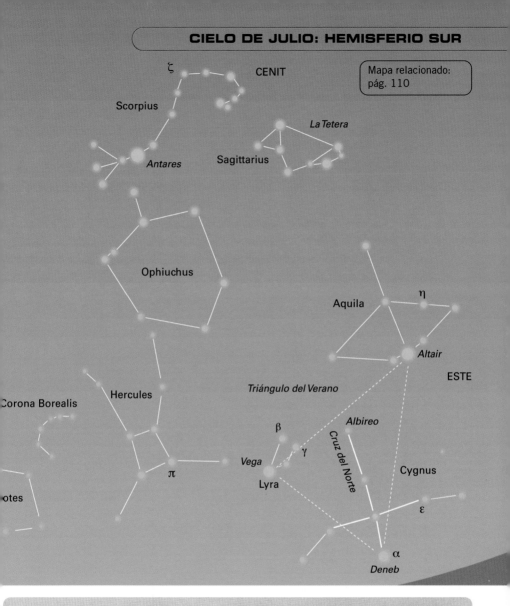

ζ CENIT

Mapa relacionado: pág. 110

Scorpius

La Tetera

Antares Sagittarius

Ophiuchus

Aquila η

Altair

ESTE

Triángulo del Verano

Corona Borealis Hercules

Albireo

β

γ

Cruz del Norte

Vega Cygnus

π Lyra

ε

otes

α

Deneb

lla Altair, situada en el Águila. Se trata de la estrella más alta del Triángulo del Verano, completado por Vega, en la Lira a la izquierda inferior, y Deneb, en el Cisne cerca del horizonte y a la derecha inferior de Vega. Sobre el horizonte del noroeste asoma la brillante estrella Arturo (Arcturus), que se encuentra en la constelación del Boyero (Bootes).

Entre Arturo y la Lira yacen, en primer lugar, la Corona Boreal y, más allá, el Trapecio de Hércules.

Águila (Aquila)

Esta constelación representa un Águila. La estrella más brillante, Altair, se cuenta entre las 20 más brillantes del firmamento y se halla muy próxima a nosotros, a menos de 17 años-luz. Eta (η) Aquilae (❀ pág. 122) fue la primera variable cefeida que se descubrió (Edward Piggot en 1784). Las variables cefeidas tienen una importancia capital para medir la distancia de las galaxias.

Hércules (Hercules)

El cuerpo de Hércules consiste en cuatro estrellas que forman un trapecio. Tres tienen magnitud 3,5, y la cuarta tiene 3,9. Dos tercios al norte del brazo occidental reside M13 (❀ pág. 145), el cúmulo globular más espectacular del firmamento boreal. Al norte del trapecio y 6° al norte de pi (π) Herculis hay otro cúmulo globular brillante, M92 (❀ pág. 146).

Sagitario (Sagittarius) y Escorpio (Scorpius)

El cuerpo de Sagitario, en forma de «tetera» (que se ve del revés desde el hemisferio sur), cae en el plano de la Galaxia, en dirección al centro galáctico. Dos objetos difusos se ven con una claridad razonable a través de prismáticos. Si se sigue el «chorro» de líquido desde la boca de la tetera se llega a una mancha vaga que se corresponde con el cúmulo abierto M7 (❀ pág. 162), ya dentro de Escorpio. Al noroeste de M7 hay otro cúmulo abierto, M6 (❀ pág. 162). Desde el hemisferio sur se divisa una región preciosa y riquísima de la Vía Láctea cerca de la estrella dseda (ζ) Scorpii. En su centro hay un cúmulo, NGC 6231 (❀ pág. 164), denominado a menudo Joyero del Norte. La región recibe a veces el nombre de Falso Cometa, donde el «joyero» sería la cabellera y la nebulosidad y los ricos campos estelares que hay sobre ella formarían la cola. Sobre la tapadera de la «tetera» (debajo de ella, desde el hemisferio sur) hay una región más tenue de la Vía Láctea que alberga una nebulosidad brillan-

te, M8 (❀ pág. 159), también llamada nebulosa Laguna. Se ve con facilidad a través de prismáticos en noches oscuras y transparentes. La visión lateral facilita captar toda la extensión de la nebulosidad. No lejos de M8 reside M20, la nebulosa Trífida (❀ pág. 160), con una estructura compleja de bandas oscuras de polvo que la dividen en tres partes (de ahí su nombre). Al nordeste de M8, en dirección a Altair, se halla M17 (❀ pág. 160), la nebulosa Omega (ω) o Cisne, con la forma del cuerpo y el cuello curvado de un cisne.

Perseo

El cielo de octubre

Hemisferio norte

El Triángulo del Verano, formado por Deneb, Vega y Altair, luce ahora en el cielo occidental, con el cuadrado de Pegaso al sudeste. A la izquierda de Pegaso, suspendido cabeza abajo desde el hemisferio norte, se halla el arco de la constelación de Andrómeda y, cerca del cenit, se ve la figura en forma de W de Casiopea sobre la Vía Láctea. Debajo de la Vía Láctea, al este de Casiopea, reside Perseo.

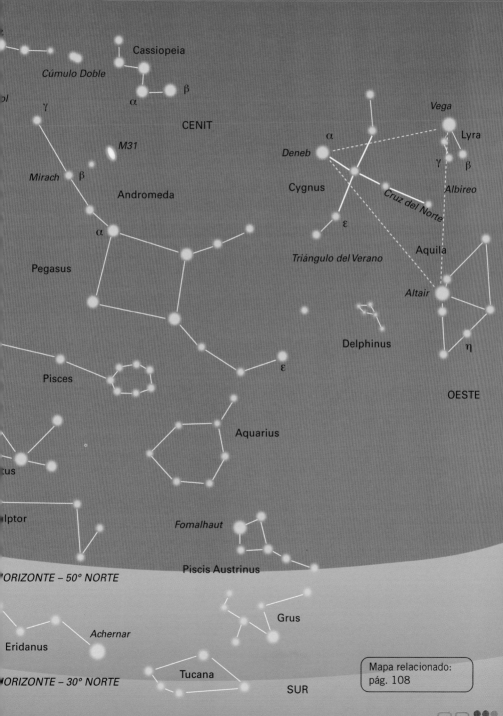

Cassiopeia

Cúmulo Doble

β

α

γ

CENIT

M31

Vega

α

Lyra

Deneb

Mirach

β

γ

β

Andromeda

Cygnus

Albireo

Cruz del Norte

α

ε

Aquila

Pegasus

Triángulo del Verano

Altair

Delphinus

η

Pisces

ε

OESTE

Aquarius

cus

lptor

Fomalhaut

Piscis Austrinus

Grus

Achernar

Eridanus

Tucana

SUR

Mapa relacionado:
pág. 108

Sólo hemisferio norte

Casiopea (Cassiopeia)

Esta constelación tiene una figura característica en forma de W y es una de las más fáciles de localizar en el cielo. Desde los punteros del Carro se puede trazar una línea curva convexa que pase por la estrella Polar hasta llegar a Casiopea, situada en una región rica de la Vía Láctea y poblada de numerosos cúmulos estelares. M52 es el más brillante y se aprecia como una mancha borrosa a través de prismáticos al prolongar el doble la línea que va desde alfa (α) hasta beta (α) Cassiopeiae (las dos estrellas más sobresalientes de la constelación). Los telescopios pequeños revelan un campo estelar precioso que alberga una gigante naranja de 8ª magnitud y que parece más brillante que el resto.

Aunque no se ven con instrumentos ópticos modestos, Casiopea también alberga dos radiofuentes interesantes. Cassiopeia A, la radiofuente más intensa del firmamento, se considera el remanente de una supernova que estalló en el siglo XVII, pero que no se observó en aquella época. La segunda es el remanente de lo que se llama la supernova de Tycho (*véase* pág. 13), que explotó en 1572 y se vislumbró a simple vista durante todo un año, y en su punto culminante brilló tanto como Venus.

Perseo, (Perseus)

Entre Casiopea y Perseo, se percibirá a simple vista una mancha tenue algo más brillante en medio de la riqueza de la Vía Láctea. Con prismáticos destaca más, pero se ve mejor con un telescopio con pocos aumentos, ya que entonces ambos cúmulos que conforman el cúmulo Doble, C14 (✿ pág. 156), caen dentro del mismo campo de visión. La estrella menos brillante de Perseo, que forma un triángulo rectángulo con alfa (α) Persei y gamma (γ) Andromedae, es Algol (✿ pág. 158). Se la denomina la estrella Demonio porque parece parpadear cada 2,87 días justos,

cuando su brillo desciende 1 magnitud durante dos horas. En realidad, Algol es un sistema binario eclipsante (*véase* pág. 31), donde una estrella subgigante roja eclipsa a su compañera gigante azul más brillante.

El cielo de octubre

Hemisferio sur

Al norte yace el cuadrado de Pegaso con Andrómeda arqueada hacia el horizonte del nordeste. Altair, en el Águila, se pone por el oeste con Deneb, del Cisne, justo sobre el horizonte del noroeste. En el cenit, al oeste de la estrella brillante Achernar, reside la constelación del Tucán (Tucana). Aún en el Tucán, hacia el polo sur celeste, se aprecia la mancha vaga de la Nube Menor de Magallanes (NMeM).

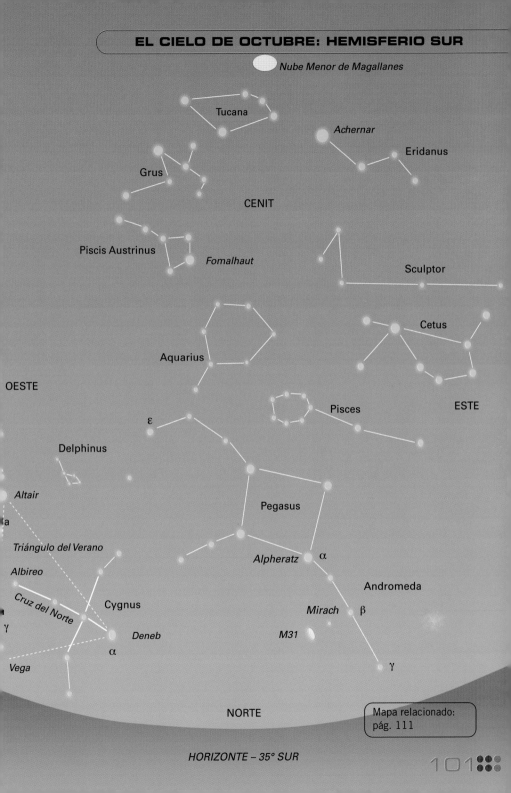

Hemisferios norte y sur

Pegaso (Pegasus)

La cantidad de estrellas visibles dentro del cuadrado de Pegaso, el caballo alado, constituye una buena prueba para medir la transparencia del cielo. Si se divisan cuatro estrellas, ¡es muy buena! Al oeste del lado occidental del cuadrado reside la estrella de 6ª magnitud 51 Pegasi (✿ pág. 156). Al observar esta estrella, intente imaginar un planeta con la mitad de la masa de Júpiter que la orbita cada 4,2 días. Se trata del primer planeta (sin nombre aún) descubierto en órbita alrededor de una estrella como el Sol.

La joya de esta constelación yace algo por encima y a la derecha (debajo y a la izquierda, desde el sur) de épsilon (ε) Pegasi, el hocico del caballo. Los prismáticos revelan ahí una mancha borrosa pequeña que se corresponde con el cúmulo globular M15 (✿ pág. 155).

Andrómeda (Andromeda)

La estrella Alpheratz (alfa –α– Andromedae), situada a la izquierda superior del cuadrado de Pegaso (si se observa desde el norte; a la derecha inferior desde el hemisferio sur) y con magnitud 2,5, pertenece en realidad a Andrómeda. Al nordeste de esta estrella hay una mancha tenue y oval de luz que conforma el núcleo de M31 (✿ pág. 120), la nebulosa de Andrómeda. La atracción gravitatoria mutua entre M31 y nuestra propia Galaxia está acercando ambos objetos, de manera que dentro de unos miles de millones de años se fundirán en uno solo. Al sudeste de M31, en el Triángulo, los prismáticos muestran otra mancha nebulosa (pero sólo en condiciones casi perfectas y sin Luna). Se trata de M33 (✿ pág. 122), la tercera galaxia espiral del Grupo Local. En el próximo capítulo se detalla cómo localizar M31 y M33.

Sólo hemisferio sur

Tucán (Tucana)

Las Nubes Mayor y Menor de Magallanes yacen hacia el polo sur celeste, casi sobre la línea que une las estrellas brillantes Achernar, alta en el cielo, y Canopo (Canopus), en el horizonte sudeste. La NMaM (✿ pág. 140) reside al este de esta línea, y la NMeM, al sur. A simple vista y con prismáticos se ven bien en noches sin Luna. Al igual que la NMaM, la NMeM es una galaxia satélite de la nuestra. Cerca de la NMeM hay un cúmulo globular de 5ª magnitud llamado 47 Tucanae (NGC 104; ✿ pág. 169) y fácil de observar con prismáticos. Prácticamente presenta el mismo brillo que Omega (ω) Centauri, el otro cúmulo globular espectacular del sur.

Derecha *Aunque la nebulosa de Andrómeda es la galaxia grande más cercana a la nuestra, ahora se sabe que se encuentra a 2,9 millones de años-luz de distancia.*

103

LOS MAPAS DE TODO EL CIELO

Este apartado comprende una serie de mapas estelares que cubren todo el cielo; dos para las regiones del polo norte y sur celestes, y seis más para representar todo el cielo alrededor del ecuador celeste. Las estrellas hasta el límite de visión del ojo humano, 6ª magnitud, se ilustran sobre una rejilla que indica las coordenadas celestes en ascensión recta y declinación. El nombre latino de las estrellas más brillantes aparece junto al nombre, también en latín, y la figura perfilada de las constelaciones más importantes. También se indica el recorrido del Sol por el firmamento, denominado eclíptica. Los mapas también incluyen la posición y el nombre popular en castellano de los objetos difusos descritos en el libro. La clave de símbolos usada en la página 87 también se aplica a los mapas de todo el cielo.

Izquierda *El Observatorio Kitt Peak en Arizona, Estados Unidos, alberga diversos telescopios, entre otros, de 4 m, 2,1 m y 0,9 m. Sus instalaciones incluyen además un observatorio solar.*

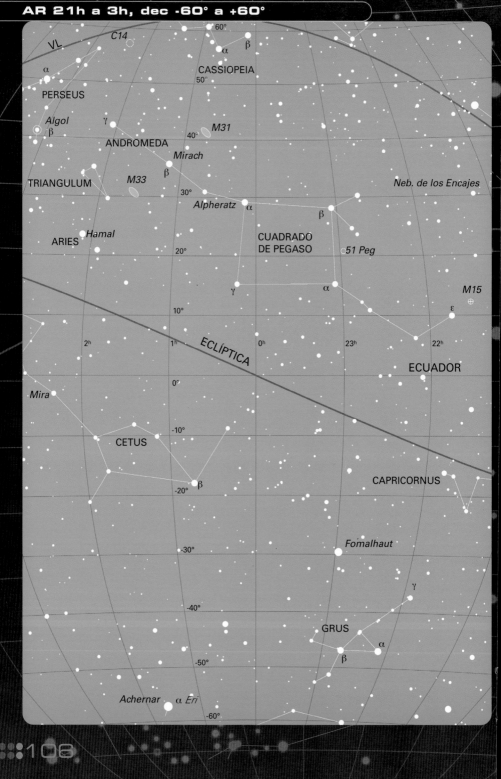

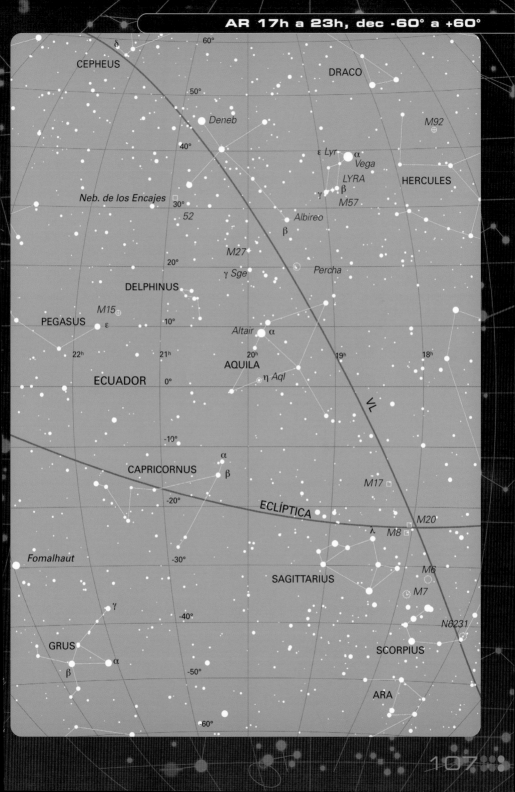

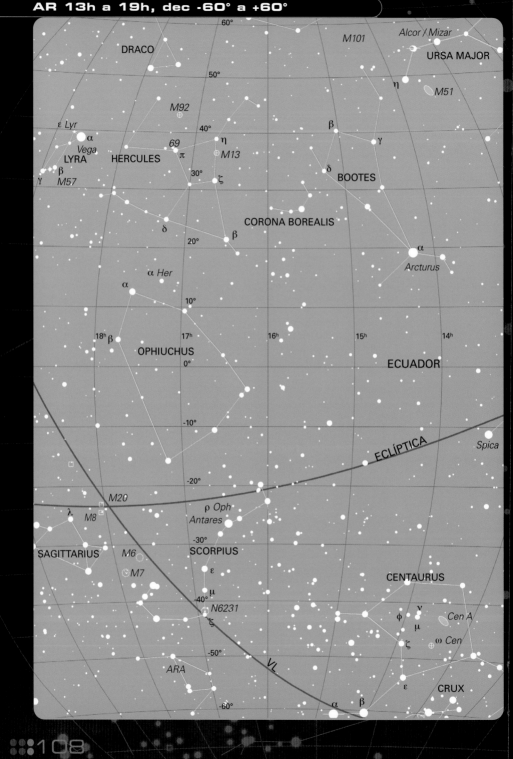

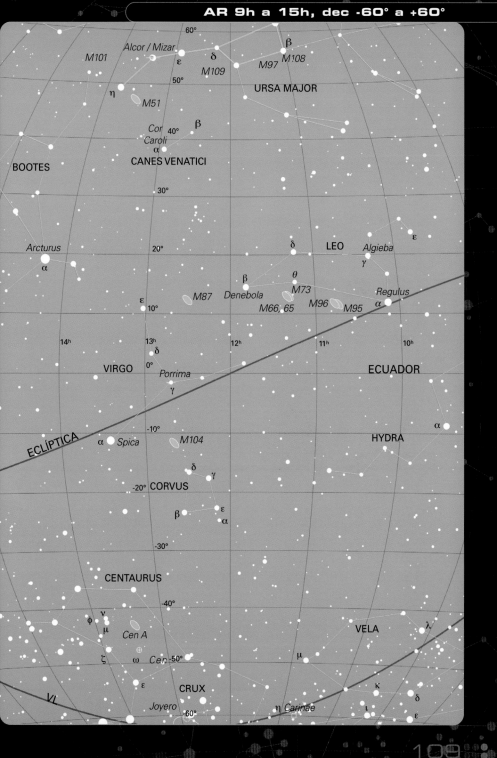

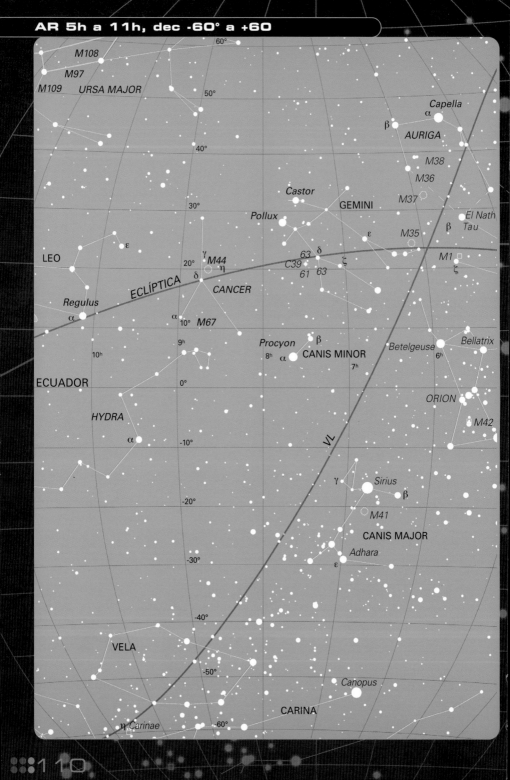

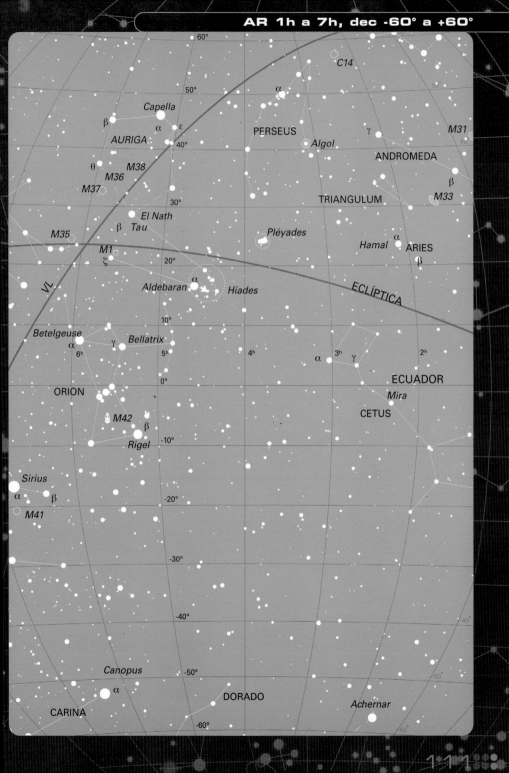

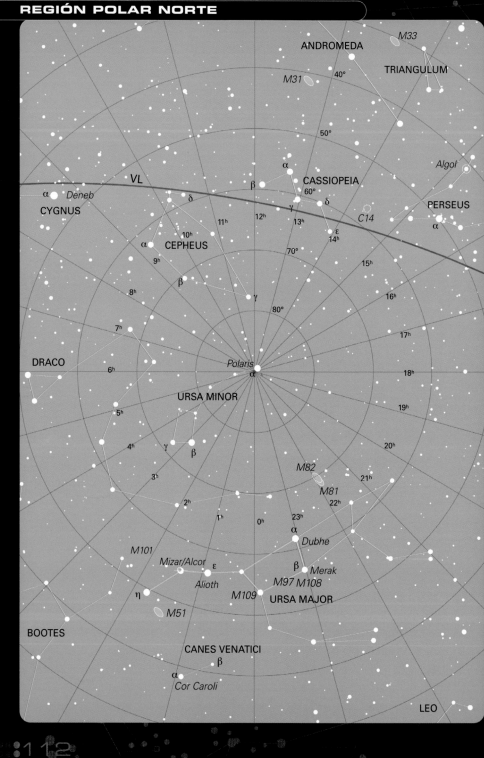

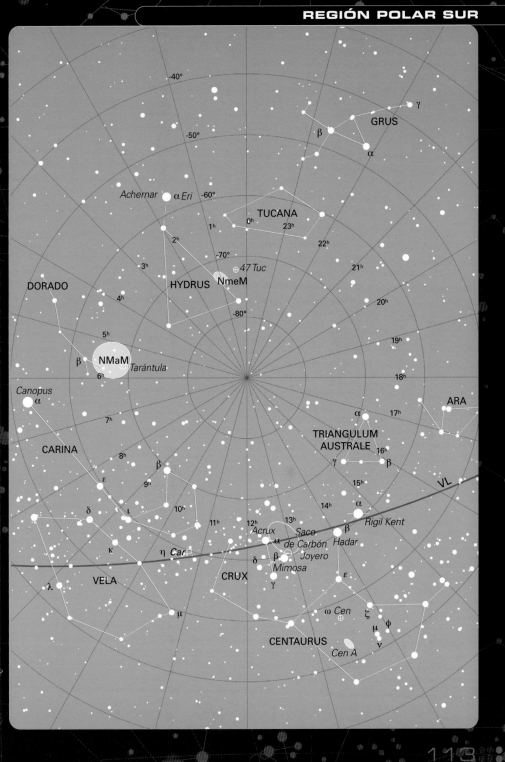

GRUS
γ
β
α

-40°

-50°

Achernar α Eri -60°

TUCANA
0ʰ
1ʰ 23ʰ
2ʰ
-70° 22ʰ
3ʰ ⊕ 47 Tuc
HYDRUS NmeM 21ʰ
DORADO 4ʰ -80° 20ʰ

5ʰ 19ʰ

β NMaM 18ʰ
6ʰ Tarántula

Canopus ARA
α α 17ʰ

7ʰ TRIANGULUM
AUSTRALE VL
CARINA 8ʰ β γ 16ʰ
ε 9ʰ β
δ ι 15ʰ
10ʰ 14ʰ α
κ η Car 11ʰ 12ʰ 13ʰ β Rigil Kent
Acrux Saco Hadar
λ α de Carbón
VELA δ β Joyero ε
Mimosa
CRUX γ ω Cen
μ ⊕
ζ
μ φ
ν
CENTAURUS
Cen A

113

6

LA
ASTRONOMICAL
A-LIST

Este capítulo servirá de guía para la observación de los 50 mejores obje-

tos del firmamento que conforman la Astronomical A-List. Muchos se

perciben a simple vista, la mayoría con prismáticos, y todos son accesi-

bles con telescopios modestos. Existen muchos catálogos de objetos ce-

lestes, pero el más destacado es el catálogo Messier, elaborado por

Charles Messier para disponer de un listado de objetos difusos que pudieran

confundirse con cometas. Incluye muchos de los mejores objetos obser-

vables en el firmamento boreal, pero, como Messier observaba desde

París, no abarca el firmamento austral. El catálogo Caldwell, recopilado por

Patrick Moore, sí contiene objetos del cielo austral. La A-List, es completa,

de manera que si se observa la mayoría de los objetos que la conforman,

se habrán contemplado casi todos los objetos celestes interesantes.

Página anterior *La nebulosa del Águila se
halla en formación estelar; en el núcleo tiene un cúmulo estelar. Debe su nombre a las columnas de polvo que se perfilan contra las nubes brillantes de gas.*
Páginas anteriores *El disco reflector esférico del observatorio de Arecibo (Puerto Rico) mide
305 m de diámetro.*

¿Por qué 50 objetos?

La lista procura reunir todos los tipos de objetos, pero sólo los mejores. Los catálogos Messier y Caldwell incluyen muchos cúmulos globulares, pero, tal vez, sólo destacan cinco: M13, M92 y M15, del cielo boreal, y omega Centauri y 47 Tucanae (mejores aún), del cielo austral. Todos ellos figuran en la lista. A las otras clases de objetos también se les ha aplicado el mismo razonamiento y la lista terminó en el número 50. Algunas entradas corresponden a pares de objetos que se divisan juntos en el mismo campo de visión telescópico, como las galaxias M81 y M82. De modo que, el número real de objetos independientes pasa en realidad de 50.

He aquí algunos datos. Veinticinco objetos figuran en el catálogo Messier y doce constan en el Caldwell. Los trece restantes no aparecen en ninguno de los dos. Éstos consisten en su mayoría en sistemas estelares muy dignos de observar, como Algol, la estrella «demonio», que parpadea cuando su compañera la oculta cada 2,867 días.

Nota: En las págs. 190-191 se da una tabla con la relación de los objetos de la Astronomical A-List.

Cada entrada indica el número Messier o Caldwell, el nombre común y el tipo de objeto de que se trata. Todo ello va seguido de una serie de letras en negrita que indican cómo conviene observar el objeto:

O	A simple vista (a ojo)
P	Prismáticos
B	Telescopio con aumentos bajos
M	Telescopio con aumentos medios
A	Telescopio con aumentos altos

Se da la posición de los objetos para el equinoccio de 2000.

Superior *M92 es un cúmulo globular fácil de localizar en el cielo con un par de prismáticos.*

Los mejores instantes para localizar los objetos

Algunos de estos objetos pueden observarse siempre que se hallen a una altura razonable en un cielo despejado. Otros, en especial las galaxias, exigen oscuridad y transparencia para verse bien.

El **cielo está oscuro** cuando la Luna no brilla demasiado y no hay demasiada contaminación lumínica.

El **cielo está transparente** cuando la atmósfera alberga poco vapor de agua o polvo para dispersar la luz. Estos dos agentes no sólo atenúan el brillo aparente de los objetos, sino que también reflejan cualquier contaminación lumínica, con lo que multiplican su efecto negativo. Las noches posteriores a lluvias intensas suelen resultar ideales, puesto que el polvo desaparece de la atmósfera. Otros objetos, como las estrellas binarias apretadas, precisan noches de buena visibilidad, con gran estabilidad atmosférica, para que las estrellas no titilen demasiado. No es raro, pues, que los objetos se muestren inmejorables en noches con transparencia y estabilidad atmosféricas, pero, por desgracia, ambas condiciones no se dan a la vez con demasiada frecuencia.

Cómo localizar los objetos en el firmamento nocturno

La introducción a cada constelación indica cuál es la mejor época para observar los objetos inmersos en ellas. Esos momentos corresponden sencillamente a aquellos en los que alcanza la altura máxima en el cielo, de modo que la observación se realice a través de una atmósfera mínima. Los mapas ilustran la posición de los objetos en relación con las estrellas más brillantes de la constelación. En estos mapas, el norte cae arriba, el sur abajo, el este a la izquierda y el oeste a la derecha. En algunos casos, como en el cúmulo de las Pléyades, no se precisan mayores instrucciones; en otros, el objeto reside tan próximo a una estrella brillante que se localiza con facilidad.

Cuando el objeto en cuestión cae lejos de estrellas brillantes, se pueden seguir tres métodos para localizarlo:

1. **Alineaciones estelares** Se parte de una estrella claramente destacada y se sigue una serie de instrucciones para ir de una estrella a otra hasta llegar al objeto deseado.

2. **El método geométrico** A veces, el objeto forma un ángulo recto o un triángulo equilátero con otras dos estrellas, de modo que, una vez localizadas estas estrellas, se ubica el lugar donde debería residir el objeto para enfocar con el telescopio esa región.

3. **Búsqueda por ascensión recta (AR) o declinación (dec)** Para esto se precisa un telescopio con montura ecuatorial. Supongamos que el objeto se halla justo al norte o al sur de una estrella llamativa. Primero se centrará esa estrella en el buscador del telescopio o en el campo de visión del telescopio y se fijará el eje de AR. Luego, moviendo el telescopio en dec arriba o abajo, según convenga, se llegará al objeto deseado. El círculo graduado de declinación permite desplazar el telescopio el número correcto de grados, de manera que el objeto aparecerá de inmediato en el campo de visión usando un ocular de pocos aumentos. La misma técnica lleva hasta objetos con la misma dec que una estrella brillante. En este caso, el círculo graduado de AR se situará en el cero para efectuar una lectura directa del desplazamiento que hay que aplicar. Adviértase que el círculo de AR está graduado en minutos de tiempo, no en minutos de arco; 1 hora equivale a $15°$ en el ecuador, 4 minutos de tiempo = $1°$. (Cuando un objeto se halla en el meridiano, es decir, la línea norte-sur, o cerca de él, la AR y la dec equivalen a acimut y altura respectivamente, de modo que esta técnica también se puede usar con telescopios sobre monturas horizontales.)

La información que acompaña cada objeto señala cómo localizarlo mejor mediante las técnicas anteriormente descritas.

Una advertencia Los detalles de cada objeto aportan muchos datos, como brillo, tamaño, distancia y edad, que no siempre se conocen bien y presentan valores distintos en fuentes diferentes. Cuando un dato no se conoce con precisión se indica en el texto, y se dan los valores que se consideran más exactos. Por tanto, ¡rogamos al público que no se sorprenda demasiado si encuentra valores distintos en otras obras o en internet!

Uno de los cometidos de la A-List estriba en que sirva para animar a los aficionados a la astronomía, sobre todo a los más jóvenes, a que vean esos objetos por sí mismos para conseguir las medallas de oro, plata y bronce de la observación después de presentar los cuadernos de bitácora de sus observaciones por correo postal o electrónico. Los certificados se conceden conjuntamente por el Observatorio de Jodrell Bank de la Universidad de Manchester y la Sociedad Británica de Astronomía Popular.

Todos los detalles sobre el envío de los registros de observación se encuentran (en inglés) en la página de internet: www.jb.man.ac.uk/public/Alist.html.

La A-List

Constelaciones de
Andrómeda y el Triángulo

Estas constelaciones adyacentes albergan dos objetos de la A-List: las galaxias M31 y M33. Junto con la Galaxia, constituyen los tres miembros principales del Grupo Local. La distribución de galaxias dentro del Grupo Local tiene una forma parecida a una haltera, con la Galaxia en el centro de una pesa y M31 y M33 en el núcleo de la otra. Por eso estas dos se muestran próximas en el cielo. La mejor época para contemplarlas es durante los meses anteriores a la Navidad, cuando lucen altas en la vertical del firmamento boreal, aunque bajas hacia el norte en los cielos del sur.

M31   Andrómeda

Galaxia de Andrómeda
• Galaxia espiral   O P B

M31 es la galaxia grande más cercana a nosotros, situada a una distancia de 2,9 millones de años-luz. Se trata de la galaxia más vasta del Grupo Local

(*véase* pág. 42) y es una espiral de tipo Sb algo mayor que la Galaxia. (Las espirales de tipo Sa tienen un núcleo extenso y brazos espirales muy apretados; las de tipo Sc tienen núcleos pequeños y compactos con brazos muy abiertos. Las de tipo Sb son intermedias.) M31, de magnitud 3,4, se detecta a simple vista y, por tanto, es el objeto más distante que la mayoría de la gente consigue ver ¡sin usar nada más que los ojos! El modo más sencillo de localizar M31 consiste en partir de la estrella Alpheratz, α Andromedae, que forma el vértice noroeste del cuadrado de Pegaso, y avanzar, en primer lugar, dos estrellas hacia el este, hasta la estrella Mirach, luego girar 90° hacia la derecha y seguir hasta la estrella más brillante. Otro trecho idéntico en la misma dirección permitirá apreciar con facilidad un fulgor blanquecino y vago, que es el núcleo de M31. Si Pegaso se halla bajo en el cielo, otro modo de localizar el objeto consiste en seguir la «flecha» que conforman las tres estrellas más occidentales de Casiopea. La galaxia de Andrómeda yace a 15° (unos tres campos de visión de prismáticos) de la punta de la flecha.

A simple vista, el núcleo de M31 se vislumbra como una mancha de luz blanquecina y borrosa, pero se aprecia mejor con prismáticos y en cielos oscuros y transparentes. Entonces, con la vista bien adaptada, llega a captarse mejor la extensión de la galaxia, que alcanza un tamaño angular de 3° por 1° y abarca la mitad del campo de unos prismáticos medios. También compensa observarla con el telescopio con un ocular de bajos aumentos porque, si se recorre el campo de esta galaxia despacio en cielos oscuros llegan a apreciarse algunas de las bandas oscuras de polvo que atraviesan la débil luz estelar.

M31 tiene dos galaxias hermanas, M32 y M110. Ambas son elípticas y se distinguen como bolas borrosas y compactas. M32, con magnitud 8,4, aparece más próxima al centro de M31 y es una galaxia de tipo E2, casi esférica. M110, de tipo E6 y magnitud 8,5, presenta una elongación más manifiesta.

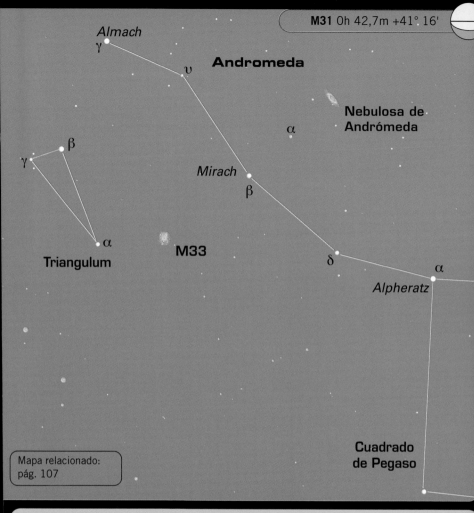

Almach
γ

υ

Andromeda

α

Nebulosa de Andrómeda

β

Mirach

β

γ

α

Triangulum

M33

δ

α

Alpheratz

Cuadrado de Pegaso

Mapa relacionado:
pág. 107

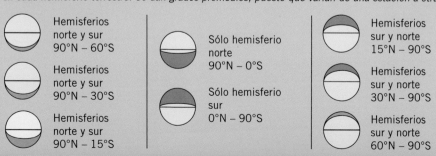

Clave de símbolos de visibilidad

Téngase en cuenta que se dan indicaciones generales sobre qué estrellas permanecen visibles en cada hemisferio terrestre. Se dan grados promedios, puesto que varían de una estación a otra.

Hemisferios
norte y sur
90°N – 60°S

Hemisferios
norte y sur
90°N – 30°S

Hemisferios
norte y sur
90°N – 15°S

Sólo hemisferio
norte
90°N – 0°S

Sólo hemisferio
sur
0°N – 90°S

Hemisferios
sur y norte
15°N – 90°S

Hemisferios
sur y norte
30°N – 90°S

Hemisferios
sur y norte
60°N – 90°S

Galaxia del Triángulo
• Galaxia espiral   P B

M33 es una galaxia espiral de tipo Sc que cuenta con un núcleo compacto pequeño y brazos espirales abiertos. Dista 3 millones de años-luz, y es la tercera galaxia más grande del Grupo Local. Su magnitud de 5,7 permite a las personas con vista muy aguda llegar a detectarla a simple vista en condiciones óptimas de visibilidad, pero, como está orientada de frente, la luz está muy dispersa y la mayoría de nosotros sólo la divisará con ayuda de prismáticos o un telescopio y, aun con ellos, requiere cielos muy oscuros y transparentes.

Desde M31 se retrocede hasta Mirach y, en la misma dirección, se recorre una distancia equivalente (7° o entre 1 y 2 campos de prismáticos). Con prismáticos se muestra como un trozo pequeño de un pañuelo de papel incrustado en el cielo (apenas más brillante que el área circundante). En telescopios grandes, de 200 mm o más, llegan a insinuarse los brazos espirales abiertos alrededor del núcleo compacto. M33, con un diámetro global aproximado de 60.000 años-luz, es mucho menor que M31 o nuestra Galaxia, pero es más típica entre las galaxias espirales que pueblan el universo.

M33: 01h 33,9m +30° 39'

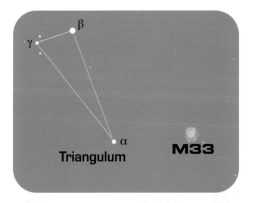

Triangulum   M33

Altair, la estrella más brillante del Águila, es la más meridional de las tres estrellas que conforman el Triángulo del Verano (Deneb del Cisne, Vega de la Lira, y Altair; *véase* el mapa estelar de la Zorra en pág. 179) y, por tanto, no es de extrañar que el Águila se vea mejor en agosto, septiembre y octubre. En ella hay un objeto de la A-List, eta (η) Aquilae, la primera estrella variable cefeida que se descubrió.

Eta (η) Aquilae • Estrella
variable cefeida   O P M

Eta Aquilae se halla 8° (un campo y medio de prismáticos) al sur de Altair. Se trata de una variable cefeida brillante que fluctúa entre magnitud 3,7 y 4,5 con un período de 2,7 días. El descubrimiento de su variabilidad lo efectuó el astrónomo inglés Edgard Piggot en 1784. Obsérvela durante un espacio de tiempo y compare su brillo con el de iota (ι) Aquilae, a 4° de separación. (Si se observa desde el hemisferio norte, sitúe η Aquilae en el extremo superior izquierdo del campo de los prismáticos, de manera que ι Aquilae caiga en el extremo inferior derecho; para observar desde el sur, procédase a la inversa.) Iota Aquilae tiene una magnitud de 4,36, de modo que, en el mínimo, η Aquilae brilla ligeramente menos que ι (aunque tal vez ni llegue a notarse), mientras que, en el máximo, la supera claramente en brillo.

Poco después, el vecino sordomudo de Piggot, John Goodricke, descubrió una segunda estrella, llamada δ Cephei, que mostraba variaciones similares. Estas estrellas, que se cuentan entre las que poseen un brillo intrínseco más destacado de todo el firmamento, son inestables y experimentan variaciones de tamaño y de brillo con períodos muy regulares. Ahora se las conoce como variables cefei-

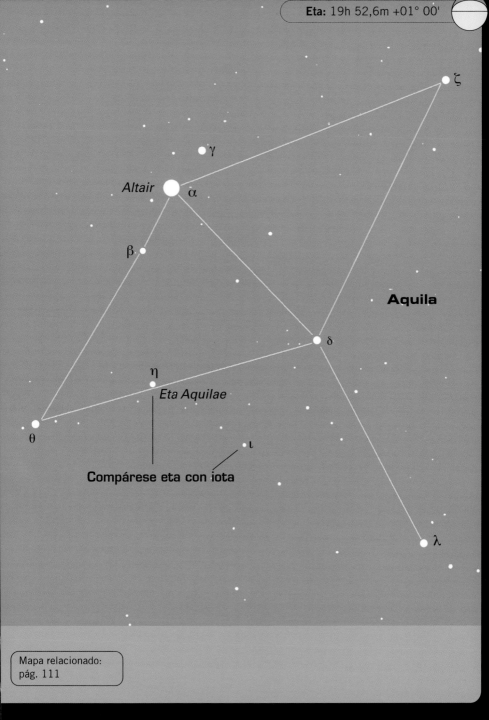

ζ

γ

Altair α

β

Aquila

δ

η

Eta Aquilae

θ

ι

Compárese eta con iota

λ

Mapa relacionado:
pág. 111

das (por δ Cephei, la segunda estrella de este tipo) que se descubrió. Éstas han desempeñado un papel crucial en la medición de las dimensiones del universo. A comienzos del siglo pasado, la astrónoma estadounidense Henrietta Leavitt descubrió que la luminosidad de estos astros depende del período, el cual es proporcional a su brillo absoluto (*véase* pág. 31). Como son astros muy brillantes, llegan a verse en galaxias bastante lejanas. De modo que basta medir el período para inferir su brillo absoluto y, por tanto, la distancia de la galaxia en la que se encuentran. La observación de variables cefeidas en galaxias remotas mediante el telescopio espacial Hubble ha aportado una de las mejores mediciones del tamaño del universo que existen hasta la fecha.

Constelación del Cochero
Auriga (Auriga)

Esta constelación se sitúa alta en el firmamento boreal después de Navidad, pero apenas se eleva sobre el horizonte septentrional en el firmamento austral. Se despliega sobre la banda de la Vía Láctea y, en consecuencia, es de esperar que albergue ricos campos estelares y cúmulos estelares abiertos, formados por estrellas surgidas en tiempos recientes a partir del polvo y el gas que residen en el plano galáctico. El Cochero contiene tres cúmulos estelares abiertos: M36, M37 y M38. De los tres, el más impresionante es M37 (objeto de la A-List).

M37   Cochero

Cúmulo estelar abierto   P M

M37, el cúmulo abierto más extenso, rico y brillante de los tres de Auriga, fue avistado por Charles Messier en 1764. El cúmulo abarca un campo de 25 minutos de arco de ancho y tiene un brillo visual de 6,2 magnitudes, de modo que es sencillo vislumbrarlo a simple vista en condiciones óptimas. Se divisa con facilidad mediante prismáticos, algo al oeste de la línea que une θ Aurigae y El Nath, o β Tauri. Se muestra precioso desde un telescopio con aumentos intermedios y alberga más de 500 estrellas, de las que 150 brillan más de una magnitud 12,5 y, por tanto, se resuelven con telescopios pequeños y cielos nítidos. La edad de los cúmulos estelares se puede estimar trazando su diagrama de Hertzsprung-Russell (la representación gráfica de la luminosidad frente a la temperatura, *véase* pág. 21) y mirando en qué lugar dejan de pertenecer sus estrellas a la secuencia principal (la región

Izquierda *Esta fotografía reproduce las estrellas principales de Auriga, con Capela visible en la parte superior.*

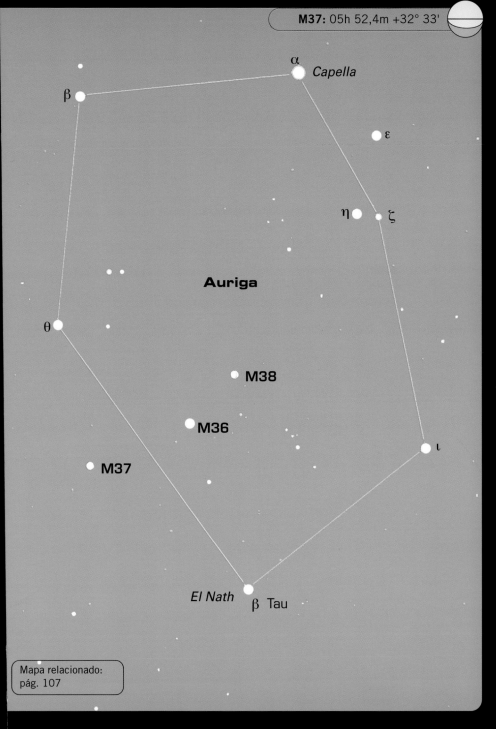

α
Capella

β

ε

η ζ

Auriga

θ

M38

M36

M37

ι

El Nath
β Tau

Mapa relacionado:
pág. 107

del diagrama donde las estrellas pasan la mayor parte de su existencia). Las estrellas más masivas, y por tanto más brillantes, abandonan antes la secuencia principal. M37 tiene al menos una docena de estrellas gigantes rojas que han evolucionado apartándose de la secuencia principal, mientras que las estrellas más brillantes que aún residen en la secuencia principal son algo más calientes que las de tipo F. Esto arroja una edad estimada de unos 300 millones de años. La distancia de este cúmulo estelar ronda los 4.500 años-luz y, dado el diámetro angular, esto da un tamaño global del cúmulo de unos 23 años-luz.

Otros objetos Messier del Cochero

Si se recorre con prismáticos la región situada al noroeste de M37, se localizan los otros dos cúmulos abiertos. Primero se llega a M36, que es menor que M37, con unos 14 años-luz de diámetro, y que alberga unas 60 estrellas. Las más brillantes son de 9ª magnitud y son más masivas que las visibles en M37. Por tanto, es más joven, con unos 25 millones de años, y dista alrededor de 4.000 años-luz. Si se avanza en la misma dirección se divisa M38. Éste se halla a una distancia equivalente a la de M37, aunque, con una magnitud de 7,4, es menos brillante. Suma unos 220 millones de años de antigüedad y la estrella más brillante de los 100 miembros aproximados que componen el cúmulo es una gigante amarilla de magnitud 7,9.

M36: 05h 36,3m +34° 08'

M38: 05h 28,7m +35° 51'

Constelación del Cangrejo
Cáncer (Cancer)

Cáncer, una constelación pequeña y poco sobresaliente, reside entre Géminis y Leo. Alberga un objeto de la A-List, M44 o el cúmulo del Pesebre o, en latín, Praesepe. Cáncer se ve mejor durante febrero, marzo y abril.

M44 — Cáncer

Cúmulo del Pesebre •
Cúmulo abierto — O P B

M44 llega a apreciarse a simple vista como una mancha nebulosa, con poco más de 1° de diámetro, que se extiende ligeramente en dirección norte-sur. Se halla en el triángulo formado por δ, γ y η Cancri y, en su conjunto, tiene magnitud 3. Sin embargo, las 15 estrellas más brillantes tienen magnitudes entre 6,3 y 7,5, de modo que las vistas más agudas conseguirán resolver ¡estrellas aisladas en condiciones perfectas de visibilidad! Con prismáticos o telescopios pequeños, la mancha borrosa se resuelve en unos 40 miembros, mientras que telescopios mayores revelarán hasta 200. Ochenta de ellos brillan más que una magnitud 10 y el resto no pasa de magnitud 14. El cúmulo dista 577 años-luz y se formó hace unos 730 millones de años. No es sorprendente que el cúmulo de la Colmena se incluyera en el catálogo Messier por tratarse de un catálogo de objetos que pudieran confundirse con cometas. Se incorporó justo antes de que se publicara el primer catálogo Messier en 1771. Otro cúmulo estelar, las Pléyades (o M45), también atípico entre los objetos Messier, se incluyó hacia la misma época. Se sospecha que éstos se añadieron en el catálogo junto con dos nebulosas de Orión sólo ¡para que el listado portara más objetos que el catálogo publicado por Lacaille en 1755!

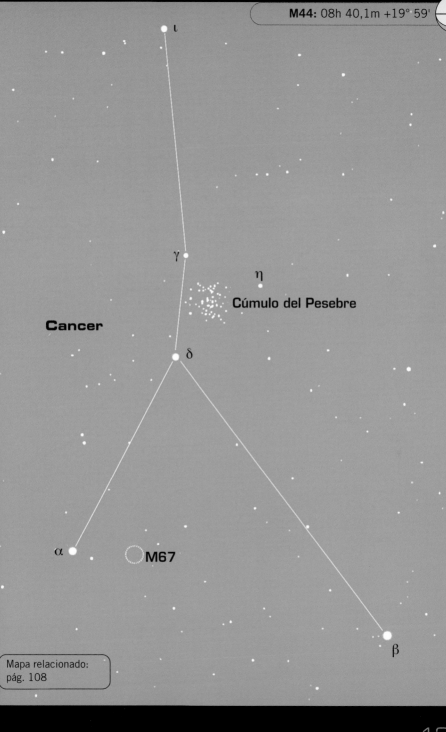

ι

γ

η

Cúmulo del Pesebre

Cancer

δ

α

M67

β

Mapa relacionado:
pág. 108

Otros objetos en
Cáncer

Cáncer alberga un segundo cúmulo abierto, M67, situado tan sólo 2° al oeste de alfa Cancri. Se halla unas cinco veces más alejado que M44 y es de magnitud conjunta 6. ¿Por qué no buscarlo tras observar M44?

M67: 08h 51,4m +11° 49'

Constelación del
CanMayor

Esta constelación reside al sudeste de Orión y alberga la estrella más brillante de todo el cielo: Sirio (Sirius). Sólo alberga un objeto de la A-List, el cúmulo abierto M41, el cual se divisa mejor cuando se halla bajo por el sur durante los meses de invierno boreales, pero se sitúa casi en la vertical del cielo del sur durante el verano austral.

M41   Can Mayor

Cúmulo abierto   O P M

M41 se encuentra con facilidad casi exactamente 4° al sur de Sirio, de tal suerte que, si, desde el hemisferio norte, Sirio cae en la parte superior del campo de unos prismáticos o de un buscador, M41 se verá hacia la parte inferior. (Desde el sur: sitúe Sirio en la parte inferior del campo y mire hacia arriba.) Su magnitud global de 4,5 permite captarlo a simple vista en cielos oscuros. Alberga unas 100 estrellas, de las que 50 lucen entre la 7ª y la 13ª magnitud y, por tanto, deberían divisarse con telescopios de aficionado. En el centro cuenta con una estrella roja-anaranjada preciosa que crea un contraste cromático bellísimo contra el fondo de estrellas más tenues. Es una estrella de tipo K3, de magnitud 6,9 y unas 700 veces más luminosa que el Sol.

Se cree que M41 fue observado por Aristóteles en el año 325 a.C. y eso lo convertiría en el objeto más débil registrado en la antigüedad. Se introdujo

Inferior *El Can Mayor (Canis Major) es una de las constelaciones más sobresalientes, y alberga la estrella más brillante de todo el firmamento, Sirio (Sirius).*

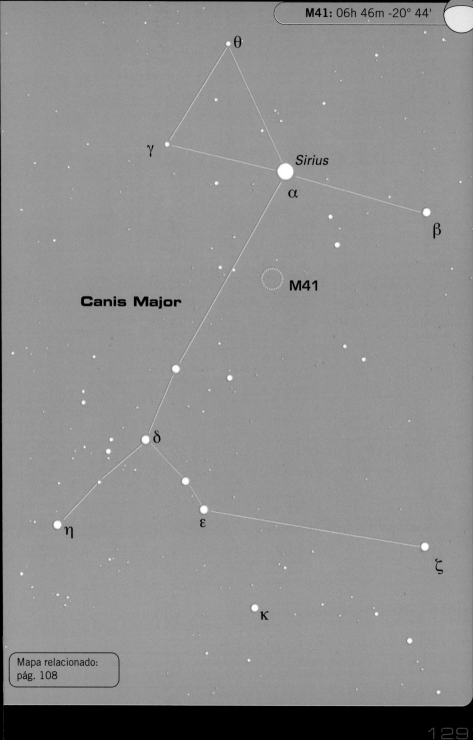

θ

γ

Sirius

α

β

Canis Major

M41

δ

η

ε

ζ

κ

Mapa relacionado:
pág. 108

en el catálogo Messier en 1765. M41 se halla a una distancia aproximada de 2.300 años-luz y su edad se estima entre 190 y 200 millones de años.

Constelación de los Lebreles, Perros de Caza (Canes Venatici)

Véase en pág. 170 «Constelaciones de la Osa Mayor (Ursa Major) y los Lebreles (Canes Venatici)».

Constelación de la Quilla
Carena (Carina)

Esta constelación austral representa la quilla de la antigua constelación del Navío Argos (Argo Navis), el barco de los argonautas. Alberga la estrella Canopo (Canopus), la segunda más brillante del cielo, y también la nebulosa de eta Carinae, que alberga la estrella masiva eta (Ë) Carinae. Se ve mejor de marzo a mayo, cuando la Quilla se sitúa casi en la vertical al anochecer.

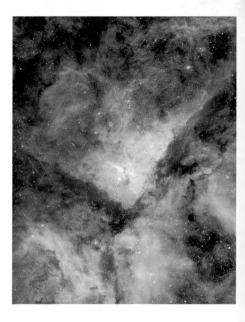

C92	Quilla

Nebulosa de Eta (η) Carinae
• Estrella inestable
con nebulosa   P M

Esta nebulosa es una de las maravillas del cielo austral y la nebulosa difusa más extensa de la Galaxia. Mide unos 260 años-luz de ancho, 7 veces el tamaño de la nebulosa de Orión. Las nebulosas de eta Carinae y de Orión se denominan regiones HII porque albergan nubes de hidrógeno atómico ionizadas por la intensa luz ultravioleta de numerosas estrellas jóvenes de tipo O que residen en su interior, como las que conforman el Trapecio en la nebulosa de Orión. La nebulosa de eta Carinae reside en una de las regiones más brillantes de la Vía Láctea y el mejor método para localizarla consiste en partir de la Cruz del Sur (Crux) y seguir la Vía Láctea 13° hacia el oeste (como dos campos y medio de prismáticos). En el extremo septentrional de la nebulosidad yace la estrella eta (Ë) Carinae. Ésta reúne unas 100 masas solares y una luminosidad muchas veces mayor que la del Sol. Esta estrella, de gran inestabilidad, está expulsando material al espacio circundante, lo que le confiere gran variabilidad de brillo. En 1843 se convirtió en la segunda estrella más brillante del firmamento, pero luego desapareció poco a poco de la vista oculta por la envoltura expulsada de gas, hasta alcanzar una magnitud mínima de 7,6 en 1968. Desde entonces, el brillo ha ido en aumento y ahora se sitúa en unas 4,2 magnitudes, de modo que vuelve a detectarse a simple vista. El estallido de 1847 fue la mayor erupción conocida a la que ha logrado sobrevivir una estrella, y dio lugar a la expulsión de dos lóbulos de gas en expansión, ahora situados a 0,8 años-luz de distancia, de los que se han obtenido preciosas fotografías mediante el telescopio espacial *Hubble*.

Superior *La Quilla (Carina) es una constelación austral que alberga la segunda estrella más brillante de todo el cielo, Canopo (Canopus).*

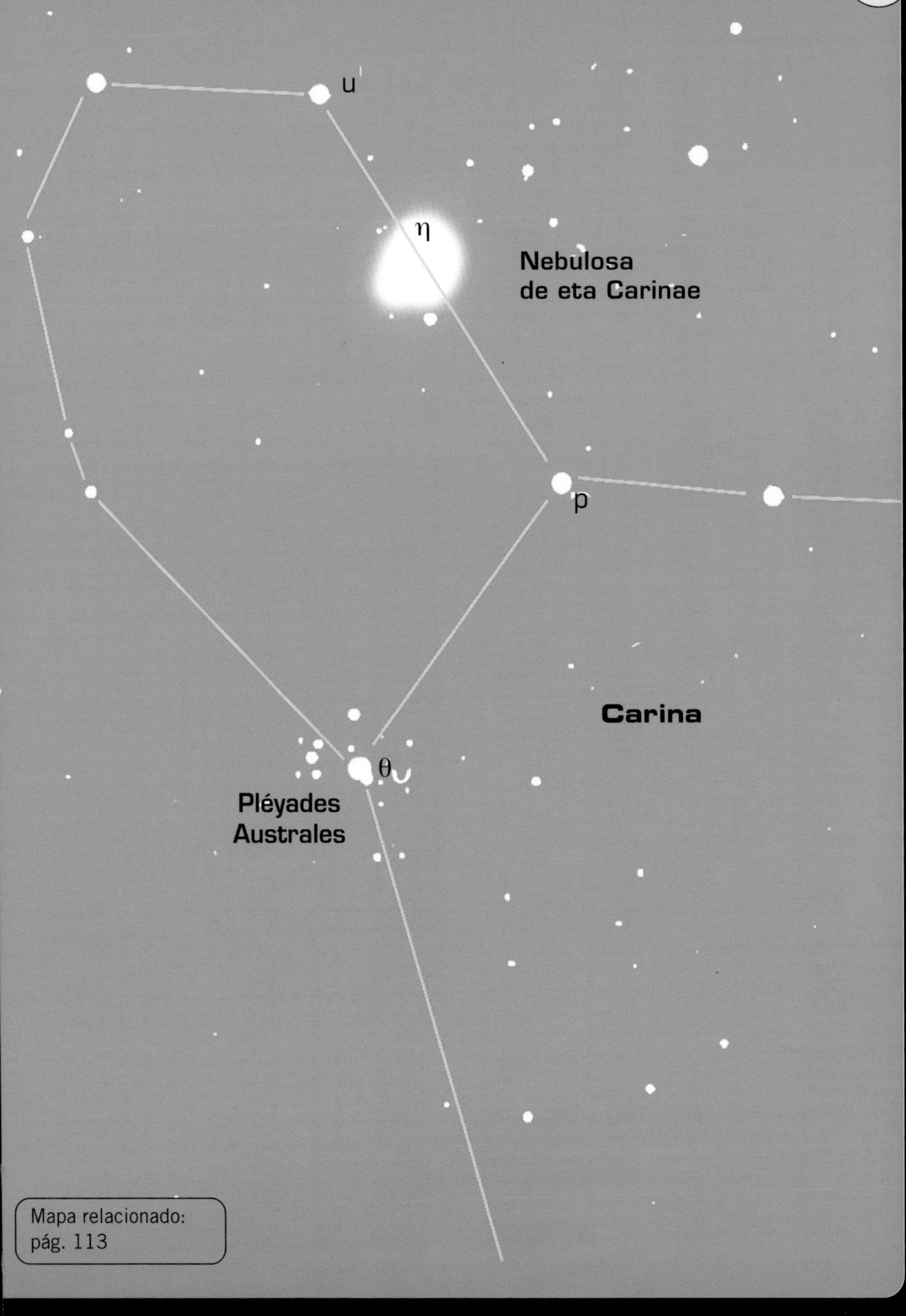

u'

η

**Nebulosa
de eta Carinae**

p

Carina

θ

**Pléyades
Australes**

Mapa relacionado:
pág. 113

Aunque no sea tan conocida como la Cruz del Sur (Crux), no hay duda de que el Centauro es la constelación austral más impresionante. Ocupa el noveno lugar entre las más grandes del cielo y, a simple vista, llegan a detectarse más de 100 de las estrellas que la componen. El Centauro reside demasiado al sur como para albergar objetos Messier, pero alberga, en cambio, tres objetos de la A-List: uno de ellos, alfa (α) Centauri, es el sistema estelar más próximo al Sol; el otro lo encarna el mejor cúmulo globular de todo el cielo, y el tercero es una galaxia activa. El Centauro se observa mejor en otoño, cuando se sitúa casi en la vertical.

Centauro

Alfa (α) Centauri o Rigil Kentaurus
• Sistema estelar múltiple   O A

A ojo, Rigel Kent parece una sola estrella de magnitud -0,3, la tercera estrella más brillante del cielo. Se halla a una distancia de 4,35 años-luz. Pero con un telescopio se descompone fácilmente en dos estrellas: la primaria, A, es de tipo G, muy similar al Sol y con una magnitud aparente de -0,04, mientras que la secundaria, B, es una estrella naranja de tipo K y magnitud 1,2. Ambas componentes se orbitan entre sí siguiendo un trazado muy elíptico con un período de 80 años y mantienen una separación promedio de 24 au (1 au es la distancia media entre la Tierra y el Sol, de modo que 24 au ronda la distancia que separa Urano del Sol). En la actualidad mantienen una separación de 19 segundos de arco y, por tanto, se resuelven con facilidad mediante telescopios pequeños. Este sistema estelar cuenta con una tercera componente, alfa (α) Centauri C, situada a 13.000 au de A y B. Como se halla algo más cerca de nosotros, a una distancia de 4,22 años-luz, también recibe el nombre de Proxima Centauri, puesto que es la estrella más cercana al Sistema Solar.

C80   Centauro

Omega (ω) Centauri
• Cúmulo globular   O P

Éste es el cúmulo globular más espectacular del cielo y, a simple vista, se muestra como una estrella borrosa de 4ª magnitud. Al desplazarse al norte de Hadar, beta (β) Centauri, 5° y 10°, unos dos campos de visión del buscador, se llega respectivamente a dos estrellas de 2ª magnitud: épsilon (ϵ), la más meridional, y dseda (ζ) Centauri. Omega (ω) Centauri forma un triángulo casi equilátero con esas dos estrellas por su lado oriental. Los telescopios con montura ecuatorial permiten centrar dseda (ζ) Centauri en un campo de aumentos intermedios, fijar el eje de declinación y, entonces, moverse 28 minutos de tiempo (7° angulares) al oeste en AR. Esto situará omega Centauri dentro del campo de visión. Este cúmulo puede concentrar 10 millones de estrellas en una región que ronda los 160 años-luz de ancho. Se halla a una distancia aproximada de 16.000 años-luz, y tiene un diámetro aparente de 30 minutos de arco o más (¡el tamaño de la Luna llena!). El núcleo de este objeto no es tan brillante como el de 47 Tucanae. Omega Centauri brinda imágenes espléndidas a través de telescopios de 200 mm o más, pero sigue siendo muy gratificante incluso con 100 mm de abertura si el cielo está oscuro y transparente. Su masa, de unos 5 millones de masas solares, lo hace 10 veces más masivo que otros globulares grandes de la Galaxia, como M13 en Hércules, y se asemeja a la de ¡algunas galaxias pequeñas! Se trata del cúmulo globular más luminoso de la Galaxia y, dentro del Grupo Local de galaxias, sólo lo supera el cúmulo denominado G1, que se halla en la galaxia de Andrómeda.

> **C80:** 13h 26,8m -47° 29'

θ

ψ

ν

φ   μ

Centaurus A

η

κ

ζ   ⊕ Omega Centauri

Centaurus

γ

δ

ε

Alfa Centauri   Hadar   π

α   β

Rigil Kent

Crux

λ

Mapa relacionado:
pág. 109

C77   Centaurus A

NGC 5128 • Galaxia activa

O P M

Centaurus A, llamada así porque se trata de una fuente muy intensa de emisión radioeléctrica, es una galaxia elíptica grande y brillante (7ª magnitud) atravesada por una banda de polvo muy prominente. A menudo se la califica con gran acierto como galaxia «peculiar» y es una de las galaxias más interesantes que se pueden observar. Una explicación posible es que durante los últimos miles de millones de años haya «engullido» una galaxia espiral grande. La distancia de C77 no se conoce bien, pero, posiblemente, ronde entre 10 y 16 millones de años-luz. Este objeto forma un triángulo rectángulo con dseda (ζ) Centauri y con C80, u omega (ω) Centauri (consúltense las indicaciones para localizar ambos en la descripción de C80). Con un telescopio ecuatorial hay que buscar tres estrellas de 3ª magnitud, μ, ν y φ Centauri, que forman un triángulo apretado 5° al norte de dseda (ζ)

Centauri. Con μ en el centro de un campo de visión amplio, se fija el eje de declinación y se mueve el de ascensión recta 24 minutos (6°) para que C77 entre en el campo. La galaxia abarca una extensión de 17 por 13 minutos de arco. Con telescopios pequeños y en noches oscuras se ve la galaxia dividida en dos mitades por una banda de polvo, de unos 40 segundos de arco de ancho, que la atraviesa por la mitad. Con telescopios grandes y más aumentos se aprecian dos estrellas antepuestas que se superponen a la mitad meridional y que tienen magnitud 12 y 13,5. Centaurus A es una de las galaxias más grandes, masivas y luminosas que se conocen. Alberga un «núcleo activo» donde la materia se precipita hacia el interior de un agujero negro supermasivo cuyo peso tal vez supere en ¡100 millones de veces el del Sol! Del núcleo activo parten dos chorros opuestos de partículas y la radiación que emiten ha creado dos lóbulos inmensos de emisión de radio por encima y por debajo de la galaxia que convierten Centaurus A en una de las radiofuentes más intensas de todo el cielo.

C77: 13h 25,5m -43° 01'

Aunque Crux es quizá la constelación austral más conocida de todas, no destaca tanto como cabría esperar. Reside justo sobre la Vía Láctea y, en cielos muy oscuros, tiende a perderse entre la gran masa de estrellas. No obstante, resulta sencilla de localizar siguiendo la línea que une alfa (α) y beta (β) Centauri, ambas muy brillantes, la cual apunta directamente hacia la Cruz del Sur. Alberga tres objetos de la A-List, aunque si uno de ellos, el Saco de Carbón, consiste en realidad en no ver nada, ¿puede considerarse un objeto?

Cruz del Sur

Alfa (α) Crucis – Acrux
• Estrella doble   O A

Alfa Crucis se hallaba demasiado al sur como para que los antiguos le asignaran nombre, de modo que Acrux no es más que una combinación sencilla de la A de alfa con Crux. Esta estrella de 1ª magnitud (0,83) ocupa el puesto 12 entre las más brillantes del firmamento. Con grandes aumentos, los telescopios la revelan como un sistema binario con dos estrellas muy parecidas de tipo B y magnitudes 1,33 y 1,73, separadas por 4 segundos de arco. La temperatura en superficie, de unos 27.000 K, les confiere gran luminosidad. En realidad, la componente más brillante es, a su vez, una doble cuyas estrellas, que se orbitan entre sí cada 76 días, están demasiado apretadas para poderse observar con un telescopio. Por tanto, Acrux es un sistema estelar triple.

Izquierda *Las cuatro estrellas más brillantes de la constelación de la Cruz del Sur (Crux) forman una cruz, de ahí su nombre.*

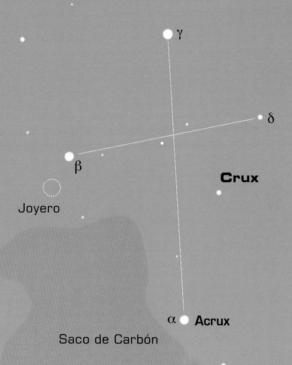

γ

δ

β

Crux

Joyero

α ● **Acrux**

Saco de Carbón

Mapa relacionado:
pág. 113

Cruz del Sur

El Joyero • Cúmulo abierto

P B

Este cúmulo abierto, también llamado cúmulo de cappa Crucis, alberga unas 100 estrellas visibles y tiene unos 10 millones de años de edad. Dista alrededor de 7.500 años-luz, abarca un campo de visión de 10 minutos de arco, y un volumen aproximado del espacio de 20 años-luz de ancho. Yace próximo a beta (β) Crucis, y es fácil de localizar, y se ve mejor con prismáticos o un telescopio con aumentos bajos. Alberga muchas estrellas blanquiazules de alta luminosidad, además de una supergigante roja central que crea un contraste cromático precioso. Debe el nombre del Joyero a sir John Herschel, quien lo describió como «una pieza espléndida de joyería fina».

C94: 12h 53,6m -60° 21'

Cruz del Sur

El Saco de Carbón • Nebulosa oscura

O P

Justo al sur del Joyero hay una región con una nebulosidad opaca u oscura en forma de pera, de 7° de largo por 5° de ancho, llamada Saco de Carbón. Se trata de una región densa de polvo y gas situada a unos 2.000 años-luz de nosotros que oculta la luz procedente de estrellas más distantes. Ésta es la nebulosa oscura más sobresaliente y destacada del plano de la Galaxia y es fácil de detectar a simple vista como una región oscura grande contra la banda brillante de luz de la Vía Láctea. Abarca el campo de visión de todos los prismáticos, salvo los de campo más amplio.

C99: 12h 52m -63° 18'

Constelación del
Cisne (Cygnus)

La constelación boreal del Cisne se despliega sobre la Vía Láctea y las estrellas más brillantes que la componen ¡llegan a perderse contra el magnífico fondo de estrellas cuando el cielo está extremadamente oscuro y nítido! Estas estrellas forman lo que se denomina la Cruz del Norte. El Cisne alberga más de 11 cúmulos estelares abiertos, pero ninguno pertenece a la A-List. Sólo dos de sus objetos la integran: un bello sistema estelar doble, y la tenue nebulosidad de una explosión de supernova en proceso de desvanecimiento. Los meses de agosto a noviembre son los mejores para observar el Cisne.

Cygnus

Albireo – beta (β) Cygni
• Estrella doble

O P A

Tal vez se trate de la estrella doble más bella de todo el cielo, dado el contraste cromático entre la componente más brillante, de magnitud 3 y color amarillo dorado o ámbar, y su compañera más tenue, de magnitud 5,1 y de un intenso color verdiazul. Ambas mantienen una separación de 34 segundos de arco, de modo que cualquier telescopio las separa incluso en las peores condiciones de visibilidad. Con unos prismáticos de 10x50 sostenidos con mucha firmeza o sobre un trípode también se verá que Albireo es una doble. (¡Éste es un caso en el que resultan muy útiles los prismáticos con imagen estabilizada!) Distan 380 años-luz y la componente principal es una estrella de tipo K cuya evolución la ha expulsado de la secuencia principal, mientras que su compañera más tenue es una estrella más caliente, aunque más pequeña, de tipo B y perteneciente a la secuencia principal. Este par brinda una prueba observable de que las estrellas evolucionan. Como ambos astros se hallan a la misma distancia de nosotros, sabemos que la estrella amarilla es seis veces más luminosa

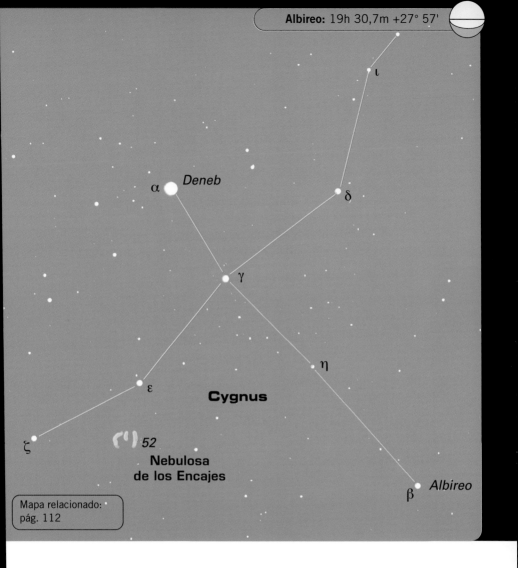

Deneb

α

δ

ι

γ

η

Cygnus

ε

ζ

52

Nebulosa
de los Encajes

β   Albireo

Mapa relacionado:
pág. 112

que la azul. Las estrellas pertenecientes a la secuencia principal queman hidrógeno en helio en el núcleo. Las estrellas más masivas son más brillantes y calientes y emiten luz azul o blanca, mientras que las estrellas menos masivas son más frías y menos brillantes y emiten luz amarilla, naranja o roja. La estrella amarilla de Albireo no puede pertenecer a la secuencia principal. En realidad, su evolución la ha apartado de la secuencia principal y la ha convertido en una gigante amarilla al transformar hidrógeno y helio en elementos más pesados en el núcleo. Ha adquirido unas dimensiones mucho mayores y, aunque cada metro cuadrado de su superficie emite menos luz que la de la compañera azul, su área superficial supera el de ésta, ya que emite una cantidad de luz seis veces mayor.

Nebulosa de los Encajes
• Remanente de supernova   P B

Es uno de los objetos más desafiantes de todos los que integran la A-List, puesto que requiere cielos muy oscuros y transparentes para distinguir la débil nebulosidad contra el fondo de cielo. Si se localiza un lugar de observación con poca o ninguna contaminación lumínica y el cielo está transparente (tal vez después de una lluvia intensa que haya eliminado el polvo de la atmósfera), entonces algunas partes de la nebulosa de los Encajes llegarán a verse incluso con prismáticos de 8x40. La nebulosa de los Encajes es el remanente nebuloso y disperso de una estrella que estalló hace unos 5.000

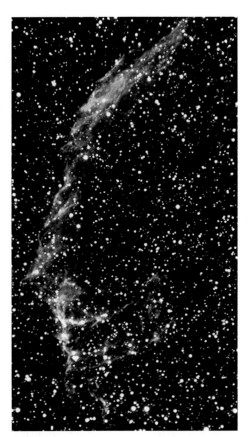

años convertida en lo que se denomina una supernova de tipo II. Durante un breve espacio, su brillo pudo rivalizar con el de la Luna y, posiblemente, llegó a verse en pleno día. Existen tres regiones de nebulosidad dentro de un perímetro casi circular: NGC 6992 y 6995, que conforman Caldwell 33 al este, y NGC 6960, C34, al oeste. C34, aunque algo menos brillante que C33, resulta más fácil de localizar porque discurre en dirección norte-sur «a través» de la estrella 52 Cygni, de magnitud 4,2. Esta estrella reside 3° al sur de épsilon (ε) Cygni, la estrella más oriental de la Cruz del Norte. Por tanto, al centrarla en los prismáticos o el buscador y desplazarse hacia el sur menos de un campo de visión, se llega a 52 Cygni y, con suerte, a los vagos indicios de nebulosidad. Las partes algo más brillantes de la nebulosidad que conforman C33 se hallan 2,5° al este y muy poco más al norte, de modo que el conjunto de los Encajes entra con facilidad en prismáticos de 8x40 o 10x50. Los telescopios de tan sólo 50 mm, campo amplio, ocular y longitud focal corta abarcan todo el campo. En cualquier caso, hay que usar el ocular de menos aumentos. Con telescopios sobre montura ecuatorial, conviene localizar primero 52 Cygni, intentar ver la nebulosidad que hay ahí y, después, tras fijar el eje de declinación, desplazarse hacia el este unos 2,5°. Bloquee entonces el eje de ascensión recta y ascienda despacio como medio grado en declinación para ver la nebulosidad de C33. En la misma declinación que C33, pero volviendo dos tercios en dirección a C34, se divisará una tercera región nebulosa que discurre en dirección norte-sur a través de una cadena de estrellas algo inclinada. Para este objeto puede servir de gran ayuda un filtro de contraste ultra alto u OIII. ¡Buena suerte!

> **C33:** 20h 56,0m +31° 43'
> **C34:** 20h 45,7m +30° 43'

Izquierda *La nebulosa de los Encajes es el remanente de una estrella que explotó. Se halla en la región meridional de la constelación del Cisne.*

α Deneb

ι

α

δ

γ

β

η

δ

Cygnus

ζ

52

Nebulosa de los Encajes

β Albireo

Mapa relacionado:
pág. 112

Constelación de la
Dorada (Dorado)

Esta constelación, próxima al polo sur celeste, alcanza la altura máxima en el firmamento durante los meses de invierno. Se halla al sur y un tanto al este de la brillante estrella austral Canopo (Canopus). Dentro de sus confines reside la Nube Mayor de Magallanes (NMaM), un objeto de la A-List, mientras que otro de los que la componen, 30 Doradus, cae dentro de la propia NMaM.

nube contra el cielo oscuro del fondo, o como un pedazo escindido de la Vía Láctea. Aunque quizás se conozca desde la primera vez que el ser humano alzó la mirada en el cielo austral, en 1519 la «descubrió» el explorador portugués Fernando de Magallanes. La NMaM tiene un diámetro angular de 6° y, por tanto, cubrirá bien el campo de visión de la mayoría de los prismáticos. Un telescopio con pocos aumentos debería captar el gran número de nebulosas brillantes y cúmulos estelares abiertos que alberga esta galaxia. El objeto más espectacular merece contar con una entrada propia en la A-List.

NMaM — Dorada

NMaM – Nube Mayor de Magallanes • Galaxia irregular
O P B

La NMaM es una galaxia irregular (o quizá espiral barrada) que, situada entre 170 y 180 mil años-luz de distancia, ocupa el segundo lugar entre las galaxias más cercanas a la nuestra (una enana elíptica de Sagitario se halla más próxima aún). Mide un mínimo de 50.000 años-luz de diámetro y alberga varios miles de millones de estrellas. La NMaM es cuarta galaxia más extensa del Grupo Local (dominado por la Galaxia, M31 y M33). A simple vista se aprecia como una mera

C103 — Dorada

30 Doradus • Nebulosa brillante y cúmulo abierto
P M

El apelativo 30 Doradus se atribuye de manera conjunta a una nebulosa brillante, que suele recibir el nombre de nebulosa Tarántula debido a la similitud

Inferior *La nebulosa 30 Doradus, en la NMaM, es una región donde aparecen nuevas estrellas en el seno de gas en contracción y nubes de polvo. En el centro de la nebulosa reside un cúmulo de estrellas masivas.*

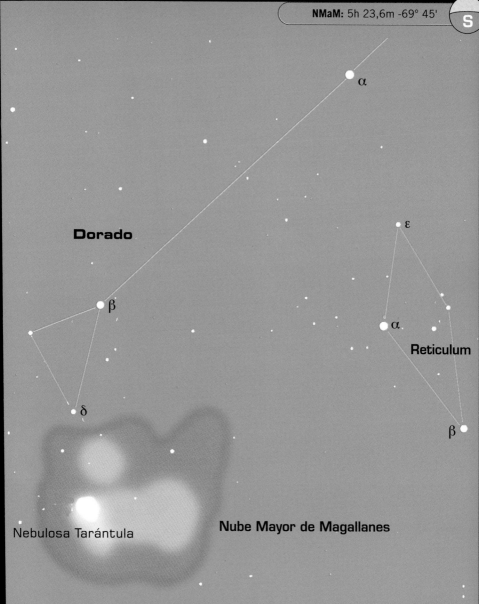

α

ε

Dorado

β

α

Reticulum

δ

β

Nebulosa Tarántula

Nube Mayor de Magallanes

Mapa relacionado:
pág. 113

141

de su figura con una de esas arañas, y al cúmulo de estrellas incrustado en su interior. El nombre de este objeto proviene del hecho de que en un principio se catalogó en su conjunto como estrella. La nebulosa Tarántula es una región inmensa de formación estelar, mucho mayor que la nebulosa de Orión, donde la radiación ultravioleta emitida por estrellas muy jóvenes y calientes nacidas en su seno excitan las nubes de gas. De hecho, si se hallara tan cerca como la nebulosa de Orión, cubriría una extensión celeste de 30° de ancho. Ésta es la región HII (tal y como se denominan estas regiones formadas en su mayoría por hidrógeno ionizado) más masiva de todo el Grupo Local de galaxias. Se encuentra a una distancia aproximada de 165.000 a 170.000 años-luz y mide más de 3.000 años-luz de ancho. (En comparación, la nebulosa de Orión tiene 40 años-luz de ancho.) Esta nebulosa alberga un gran número de estrellas supergigantes azules de tipo O que se cuentan entre las más masivas y luminosas que se conocen (con unas 100 veces más masa que el Sol y una luminosidad tal vez 100.000 veces superior). Las estrellas supergigantes azules tienen una existencia breve y evolucionan deprisa hasta fenecer en explosiones espectaculares de supernova. Precisamente un evento de este tipo sorprendió a los astrónomos en 1987 y, desde entonces, se ha estudiado con gran detalle el remanente resultante, 1987A. A simple vista, la región 30 Doradus, con un tamaño angular semejante al de la Luna llena, se parece bastante a la nebulosa Laguna, M8, de Sagitario (*véase* pág. 161). Su magnitud visual de 4 la convierte en un objeto idóneo para prismáticos y telescopios. Las estrellas más brillantes del cúmulo tienen entre magnitud 14 y 12 y, por tanto, llegan a observarse aisladas en cielos oscuros y con buen *seeing*. Hasta los telescopios más pequeños revelarán la complejidad de la estructura, con bucles de gas excitado y estrellas incrustadas. Con telescopios de 200 mm o más de abertura, el aspecto visual llega a parecerse incluso al que muestran las preciosas fotografías de esta región.

C103: 5h 38,6m -69° 05'

Constelación de Géminis
Gemelos (Gemini)

Géminis, cuya visibilidad óptima coincide con los meses posteriores a la Navidad, se halla al nordeste de Orión y su región sudoeste se adentra en la Vía Láctea. La cabeza de estos gemelos celestes la representan las estrellas brillantes de Cástor (Castor) y Pólux (Pollux). Aunque Cástor es la más débil de las dos, Bayer le atribuyó la designación alfa. Se trata de una estrella múltiple muy interesante y pertenece a la A-List. Géminis también alberga un cúmulo abierto excelente cerca del plano de la Galaxia, así como una nebulosa planetaria que vale la pena buscar.

Géminis

Cástor (Castor) – Alfa (α) Geminorum • Sistema estelar múltiple   E H

He aquí una doble visual formada por dos estrellas blanquiazules, A y B, de magnitudes 1,9 y 2,9 respectivamente. La pareja orbita cada 400 años y ahora se halla más unida que nunca, lo que plantea cierto desafío para separarlas y exige una vista excepcional. Pero, en realidad, su espectro revela que cada componente es, a su vez, una estrella doble. Castor A consiste en dos estrellas idénticas con 2 masas solares que se orbitan entre sí cada 9,2 días, mientras que las estrellas que constituyen Castor B se orbitan más deprisa aún, cada 2,9 días. Un minuto de arco al sur se ve una estrella de 9ª magnitud que también forma parte del sistema de Cástor y que es, a su vez, un sistema doble consistente en dos estrellas enanas de tipo M con unas 0,6 masas solares. Por increíble que parezca, están separadas por tan sólo el doble del diámetro del Sol y se orbitan entre sí cada 2 horas. Por tanto, Cástor es, en realidad, un sistema estelar séxtuple que mostraría un aspecto asombroso si lográramos pasar junto a él ¡en un viaje espacial!

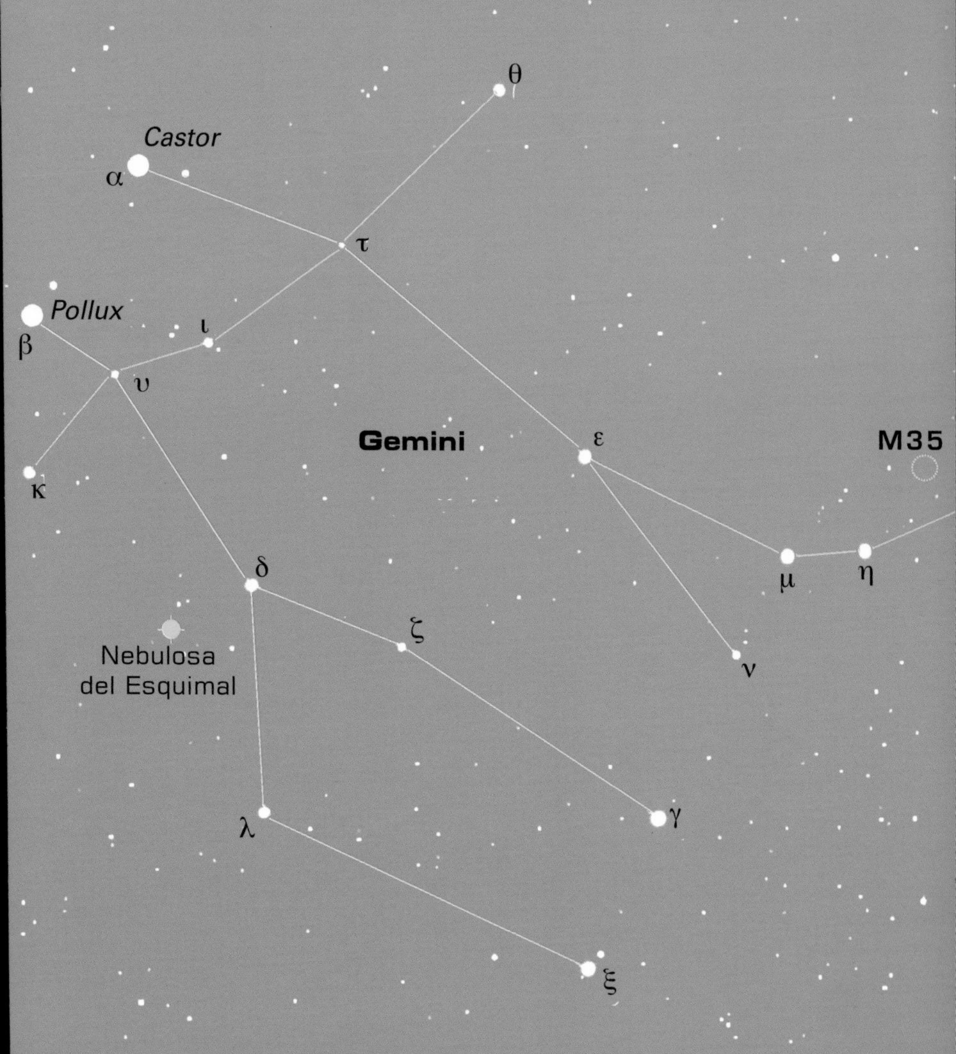

θ

Castor

α

τ

Pollux

ι

β

υ

Gemini

ε

M35

κ

μ   η

δ

ζ

Nebulosa
del Esquimal

ν

λ

γ

ξ

Mapa relacionado:
pág. 108

M35 — Géminis

Cúmulo abierto · O P B

Justo al norte del pie izquierdo del gemelo más septentrional se aprecia a simple vista una mancha borrosa de luz algo mayor que la Luna llena. Los prismáticos la resuelven en estrellas individuales distribuidas de manera uniforme por el cúmulo. Las más brillantes son de 8ª y 9ª magnitud. Probablemente se divisen mejor a través de un telescopio con pocos aumentos y ocular de campo amplio. Se cree que M35, también conocido como NGC 2168, comprende unas 500 estrellas dentro de un volumen aproximado de 24 años-luz de ancho y se halla a una distancia de 2.700 años-luz. Con cielos muy oscuros y buena transparencia también se podrá observar un pequeño cúmulo compacto de sólo 5 minutos de arco de ancho y situado medio grado al sudoeste de M35. Se trata de NGC 2158, un cúmulo con una magnitud visual conjunta entre 8 y 9. En realidad, tiene unas dimensiones muy parecidas a M35, pero se encuentra unas seis veces más lejos, por eso se muestra más pequeño y más débil.

M35: 06h 08,9m +24° 20'

C39 — Géminis

Nebulosa del Esquimal o Cara de Payaso •
Nebulosa planetaria · A

Esta nebulosa planetaria cuenta con una estrella central de un brillo excepcional (con magnitud 10), una enana blanca resultante de la explosión estelar que dio lugar a la nebulosa. Este objeto debe su nombre a que la región central brillante tiene forma de cara (con su mancha blanca en la nariz), mientras que un anillo exterior más grande y difuso parece la capucha de piel de una parka inuit, o la gorguera de un traje de payaso. Por desgracia, los telescopios pequeños no evidencian este anillo exterior salvo en cielos muy oscuros, pero es fácil divisar la región central y la enana blanca. Un telescopio de 200 mm ofrece buenas posibilidades de detectar la envoltura externa incluso en condiciones algo peores. Se halla bastante próxima (a 2°21') de la estrella delta (δ) Geminorum, de magnitud 3,5. Al sudeste de δ Geminorum hay tres estrellas de 5ª magnitud (56, 61 y la doble 63 Geminorum) que forman un triángulo rectángulo. La nebulosa del Esquimal se encuentra 37 minutos de arco al sur y un poco al este de la estrella izquierda de la doble. Con un ocular de poco aumento se ve como una «estrella» a tan sólo 1,6 minutos de arco (de manera que ambas forman una doble aparente). Con más aumentos se aprecia la verdadera naturaleza de la nebulosa como una estrella central de 10ª magnitud rodeada por una región brillante de nebulosidad. Por cierto, δ Geminorum dista sólo 10 minutos de arco del plano de la eclíptica (el recorrido del Sol por el cielo), y fue muy cerca de esta estrella y de la nebulosa del Esquimal donde Clyde Tombaugh descubrió Plutón, que entonces se consideró un planeta, en 1930. En el momento en que se escribieron estas notas, otro planeta embellecía la zona: Saturno pasó a tan sólo ¡4 minutos de arco de dicha estrella!

C39: 07h 29,2m +20° 55'

Constelación de
Hércules (Hercules)

En mayo, junio y julio, la constelación de Hércules se sitúa casi en la vertical en el hemisferio norte. Se encuentra casi a medio camino entre las dos estrellas brillante de Vega, en la Lira, y Arturo (Arcturus), en el Boyero (Bootes). Durante estos mismos meses se ve sobre el horizonte septentrional desde el hemisferio sur, pero tan bajo que cuesta divisar los dos objetos que alberga

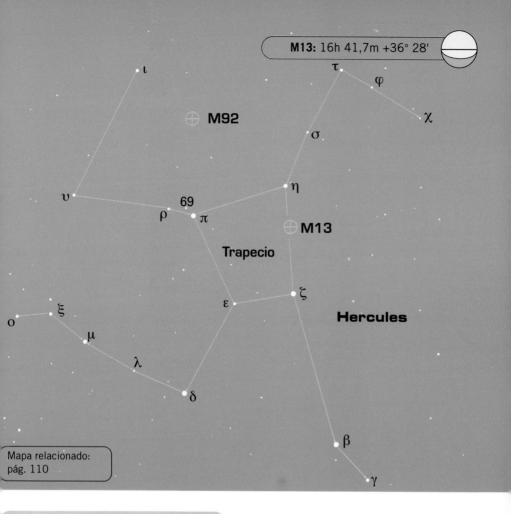

M13: 16h 41,7m +36° 28'

M92

M13

ι

τ

φ

χ

σ

η

υ

69

ρ π

Trapecio

ξ

o

μ

λ

δ

ε

ζ

Hercules

β

γ

Mapa relacionado:
pág. 110

de la A-List: M13 y, sobre todo, M92. (En Buenos Aires, M92 se alza 12° sobre el horizonte y M13 alcanza los 20° de altura.)

M13   Hércules

Cúmulo de Hércules
• Cúmulo globular   O P M

Probablemente se trate del cúmulo globular más delicado del firmamento boreal y lo descubrió Edmund Halley en 1714. Charles Messier lo registró al seguir la trayectoria de un cometa en 1779. No obstante, su magnitud aparente de 5,8 (el conocido observador James O'Meara la sitúa en 5,3) permite divisarlo a simple vista, de modo que no sería extraño que se observara en la antigüedad. M13 cae sobre el lado occidental del Trapecio, unos 2,5° al sur de la estrella eta (η) Herculis, de ahí que resulte muy fácil de localizar. M13 alberga varios cientos de miles de estrellas en un volumen de espacio de 145 años-luz de ancho. Tiene un diámetro angular de 20 minutos de arco y dista unos 25.000 años-luz de nosotros. Estos datos numéricos enmascaran la pura belleza del cúmulo, que requiere cielos verdaderamente oscuros y transparentes para apreciar todo su esplendor (¡unas condiciones que no suelen producirse a la vez!). La oscuridad permite divisar estrellas más débiles y, si hay estabilidad en el aire, las imágenes estelares serán más nítidas y permitirán diferenciar incluso las estrellas más débiles del fulgor de fondo del cúmulo. Se verá bien en cualquier telescopio, incluso pequeño, pero la imagen de instrumentos de 250 mm o más en condiciones óptimas dejan sin aliento y muestran M13 casi tridimensional. Arcos curvados de estrellas parecen discurrir hacia el sudeste y el noroeste y perderse en el espacio circundante. Varias estrellas alcanzan las magnitudes 11 y 12, y hay 20 o más de 13ª magnitud.

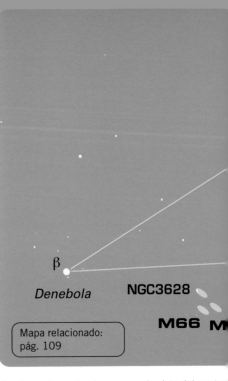

β

Denebola   NGC3628

Mapa relacionado: pág. 109

M66 M

M92   Hércules

Cúmulo globular   P M

M92 también es un cúmulo globular magnífico, un tanto eclipsado por la proximidad del vecino M13. Su magnitud visual de 6,5 lo sitúa justo en el límite de visibilidad del ojo humano, pero, en realidad, precisa prismáticos o un telescopio para observarlo. M92 se halla al norte y algo al este de la estrella nordeste del Trapecio, pi (π) Herculis, de 3ª magnitud. Con telescopios de montura ecuatorial hay que centrar el buscador o un campo de visión de pocos aumentos sobre esta estrella y, a continuación, desplazarse muy despacio hacia el nordeste hasta la estrella de 5ª magnitud 69 Herculis. Entonces se fija el eje de AR y se mueve el de declinación hacia el norte poco menos de 6°. Entonces, M92 estará centrado en el campo. Este cúmulo dista alrededor de 27.000 años-luz y tiene una extensión angular de 14 minutos de arco, lo que equivale a un diámetro de 109 años-luz. La masa total de las estrellas ronda las 300.000 masas solares. Algunas de las estrellas más brillantes de este objeto, situado a una distancia muy similar a la de M13, llegan a resolverse en cielos nítidos y con buena visibilidad. Recuerde que para observar las estrellas más vagas se puede usar la «visión lateral», que consiste

simplemente en desviar un poco la vista del centro del cúmulo.

M92: 17h 17,1m +43° 08'

Constelación de
Leo, León (Leo)

Leo sigue a Orión por el firmamento, de modo que, cuando Orión se está poniendo, Leo se halla alto en el cielo. Se ve mejor durante los meses de marzo, abril y mayo. Leo reside apartado del polvo oscurecedor de la Vía Láctea y esto significa que carece de cúmulos abiertos o regiones de formación estelar, pero, en compensación, la ausencia de polvo permite divisar galaxias lejanas. Dos pares de galaxias de Messier en Leo integran la A-List.

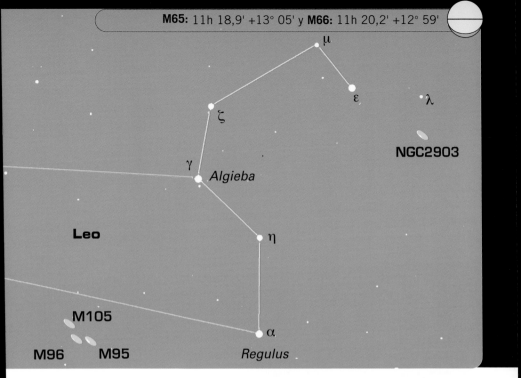

μ

ε

λ

ζ

NGC2903

γ

Algieba

Leo

η

M105

M96   **M95**

α

Regulus

M65 • M66   Leo

Galaxias espirales   P B M

Se trata de un par de galaxias espirales de 9ª magnitud, visibles juntas con oculares de pocos aumentos o por separado con aumentos medios. M65 es una espiral de tipo Sa, situada a una distancia de 35.000.000 años-luz y de magnitud 9,3. M66, bastante mayor que M65, es una espiral de tipo Sb algo más lejana, a 41.000.000 años-luz de distancia y ligeramente más brillante, con magnitud 8,9. Estas dos galaxias se hallan a medio camino entre las estrellas zeta (θ) e iota (ι) Leonis, y jus-

Derecha *M65 es un tipo de galaxia espiral de núcleo prominente y brazos espirales apretados.*

to al este de la estrella de 5ª magnitud 73 Leonis. Éstas llegan a verse junto a otra tercera, NGC 3628, al norte de las anteriores, con unos prismáticos de 8x40 o 10x50, siempre que se produzcan las condiciones de un cielo muy oscuro y transparente. Por desgracia, en estos cielos repletos de contaminación lumínica, tales condiciones no ocurren con frecuencia. La 9ª magnitud de estas galaxias parece un brillo suficiente, pero se trata de la magnitud integrada de toda la galaxia, y cada parte sólo alumbra con el brillo equivalente a una estrella de 12ª magnitud. Estas «manchas borrosas», como se las denomina a menudo, plantean un buen reto.

M95 · M96   Leo

Galaxias espirales   B M

Este par de galaxias, separadas por tan sólo 42 minutos de arco, caen próximas a otra galaxia de Messier, M105. Se hallan entre las estrellas de 5ª magnitud 52 y 53 Leonis, al este de Régulo (Regulus). Un buen modo de localizarlas con telescopios de montura ecuatorial consiste en situar Régulo en la parte sur del buscador o de un campo telescópico de pocos aumentos. Entonces se ancla el eje de declinación y se desplaza el instrumento menos de 9° al este. Así se llega a M95, y M96 se detectará 42 minutos de arco al este de M95. M95 es una galaxia espiral barrada del tipo SBb de Hubble situada a una distancia de 38.000.000 de años-luz y con una magnitud integrada de 9,7. En condiciones óptimas se parece un tanto a Saturno: una concentración de luz (el núcleo) que se asemeja al planeta con una barra central que recuerda los anillos. Ésta llega a verse con un telescopio de 100 mm, aunque, sin duda, aberturas mayores facilitan la tarea. M96 se halla algo más alejada, a 41.000.000 de años-luz, y es una galaxia de tipo Sa, con una magnitud de 9,2. tiene un núcleo central muy denso con apariencia de ojo. No son los objetos más fáciles de ver, pero, cuando lo consiga, simplemente pien-

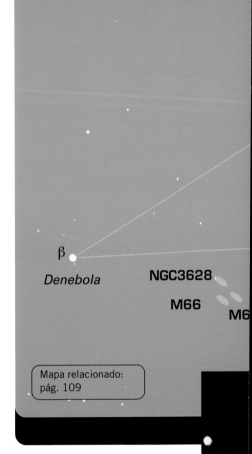

β
Denebola   NGC3628
                    M66
                         M6

Mapa relacionado:
pág. 109

se que está mirando muchos millones de años en el pasado.

Derecha *M95 es una galaxia espiral barrada de tipo SBb cuyos brazos espirales casi circulares parten de la barra que atraviesa el núcleo central.*

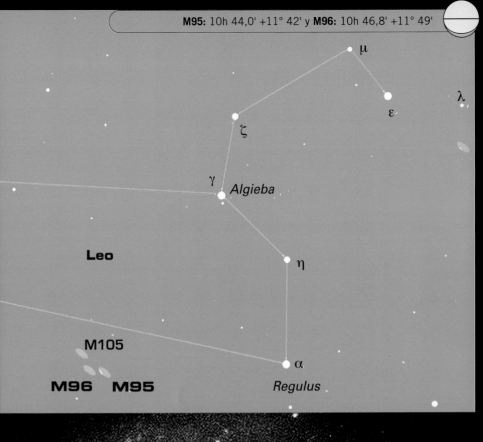

μ

ε

λ

ζ

γ Algieba

Leo

η

M105

M96 M95

α

Regulus

Constelación de la
Lira (Lyra)

Esta constelación alberga dos objetos de la A-List: un sistema estelar múltiple precioso y una nebulosa planetaria fácil de localizar y de observar. La mejor época para verlos coincide con los meses de julio, agosto y septiembre, pero por desgracia permanecen muy bajos sobre el horizonte septentrional en los cielos del hemisferio sur.

Lira

Épsilon (ε) Lyrae – La doble doble
• Sistema estelar múltiple
O P A

Probablemente se trata del sistema estelar múltiple más fácil de observar. Conviene mirar primero con

Inferior *M31, la nebulosa de Andrómeda, es la galaxia grande más próxima a nosotros, situada a menos de tres millones de años-luz de distancia. Se asemeja mucho a nuestra Galaxia.*

prismáticos para localizar Vega, de magnitud -0,04, la quinta estrella más brillante del firmamento y una de las que componen el Triángulo del Verano. Se centra el campo en Vega, y al este y algo al norte se verán como una doble las dos «estrellas», épsilon[1] y épsilon[2], que forman épsilon (ε) Lyrae, separadas por 208 segundos de arco. Una vez localizadas, las personas con buena vista deberían separar la doble a simple vista. Cada una de las dos «estrellas» brilla más que una magnitud 5.

Si se observan con el telescopio con unos aumentos considerables cuando la Lira yace alta en el cielo y la atmósfera está estable, se apreciará que cada una de estas estrellas es, a su vez, una doble, una orientada a lo largo de la línea que une las dos componentes principales, y la otra formando un ángulo recto con ella. El primer par (épsilon[1]) tiene magnitud 4,6 y 5,0 y mantiene una separación de 2,6 segundos de arco, mientras que el segundo par (épsilon[2]) tiene magnitudes 5,1 y 5,5 y una separación de 2,3 segundos de arco (lo bastante reducida como para precisar buen *seeing* para resolverlas). Todas ellas se ven blancas. Cada par orbita con períodos aproximados de 1.200 (épsilon[1]) y unos 600 (épsilon[2]) años. Además, ambos pares mantienen, asimismo, un vínculo gravitatorio y giran en varios millones de años.

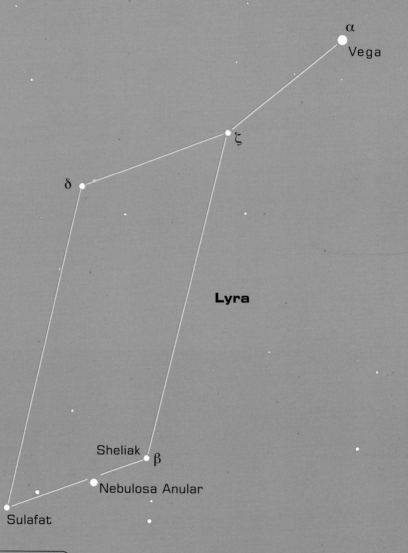

Épsilon Lyrae

ε¹   ε²

α
Vega

ζ

δ

Lyra

Sheliak
β

Nebulosa Anular

γ Sulafat

Mapa relacionado:
pág. 111

M57   Lira

Nebulosa Anular
• Nebulosa planetaria   A

Tal vez se trate de la nebulosa planetaria más fácil de observar. La nebulosa Anular parece un anillo de humo o una rosquilla. Se halla justo debajo de la línea que une gamma (γ) con beta (β) Lyrae, aunque algo más próxima a β Lyrae. Recorra la zona entre ambas estrellas con el telescopio y, si impera una oscuridad razonable, se tornará evidente de inmediato. Tiene una magnitud de 8,8 y un tamaño angular de 1,4 por 1,0 minutos de arco. Ahora se cree que se trata de una envoltura o quizá un cilindro de gas brillante que salió despedido cuando estalló la estrella progenitora que dejó tras de sí la enana blanca de alta temperatura (~100.000 K) que se aprecia en su centro en las fotografías. Este objeto azulado y compacto, del tamaño aproximado de la Tierra, sólo ronda la magnitud 15, de modo que, aunque se ve bien en fotografías, sólo llega a divisarse con los telescopios portátiles de mayor porte. La luz ultravioleta que emite la enana blanca excita el gas circundante y lo hace fulgurar. Las estimaciones más recientes atribuyen a M57 una edad aproximada de 7.000 años. Se cree que dista algo más de 2.000 años-luz y que mide alrededor de medio año-luz de ancho (o 500 veces el tamaño del Sistema Solar).

M57: 18h 53,6m +33° 02'

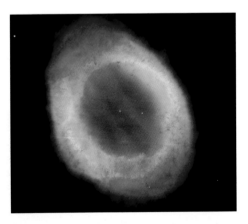

Constelación de
Orión (Orion)

Esta constelación, posiblemente la más conocida de todas, domina el cielo en enero, febrero y marzo. Curiosamente, dada su proximidad con la Vía Láctea, está bastante desprovista de objetos difusos que merezcan incluirse en la A-List. Aun así, el único que pertenece a ella es todo un hito celeste.

M42   Orión

Nebulosa de Orión •
Nebulosa brillante   O P B M A

La nebulosa de Orión, que se divisa como un fulgor difuso en la espada de Orión, es uno de los objetos más bellos de todo el cielo. Se trata de una región de formación estelar situada a 1.600 años-luz de distancia, donde el gas fulgura excitado por la luz ultravioleta que emiten las estrellas jóvenes y muy calientes que alberga en su seno. Abarca una extensión con un tamaño angular superior a 1 por 1,5°, pero forma parte de una nube mayor que ocupa buena parte de la constelación y mide más de 10° de ancho. Las fotografías muestran bandas de nebulosidad, como el Bucle de Barnard, arqueado alrededor de la región de M42. Dado que M42 es uno de los primeros objetos difusos que observa la mayoría de los astrónomos (y con razón) sorprende que no aparezca ninguna mención a él en los registros de la antigüedad. Al parecer, ni siquiera Galileo la distinguió a pesar de que se aprecia

Izquierda *La nebulosa Anular, que se halla en dirección de la Lira, fotografiada aquí por el telescopio espacial Hubble; la imagen muestra las capas externas en expansión de las que se ha despojado una estrella durante las últimas etapas evolutivas.*

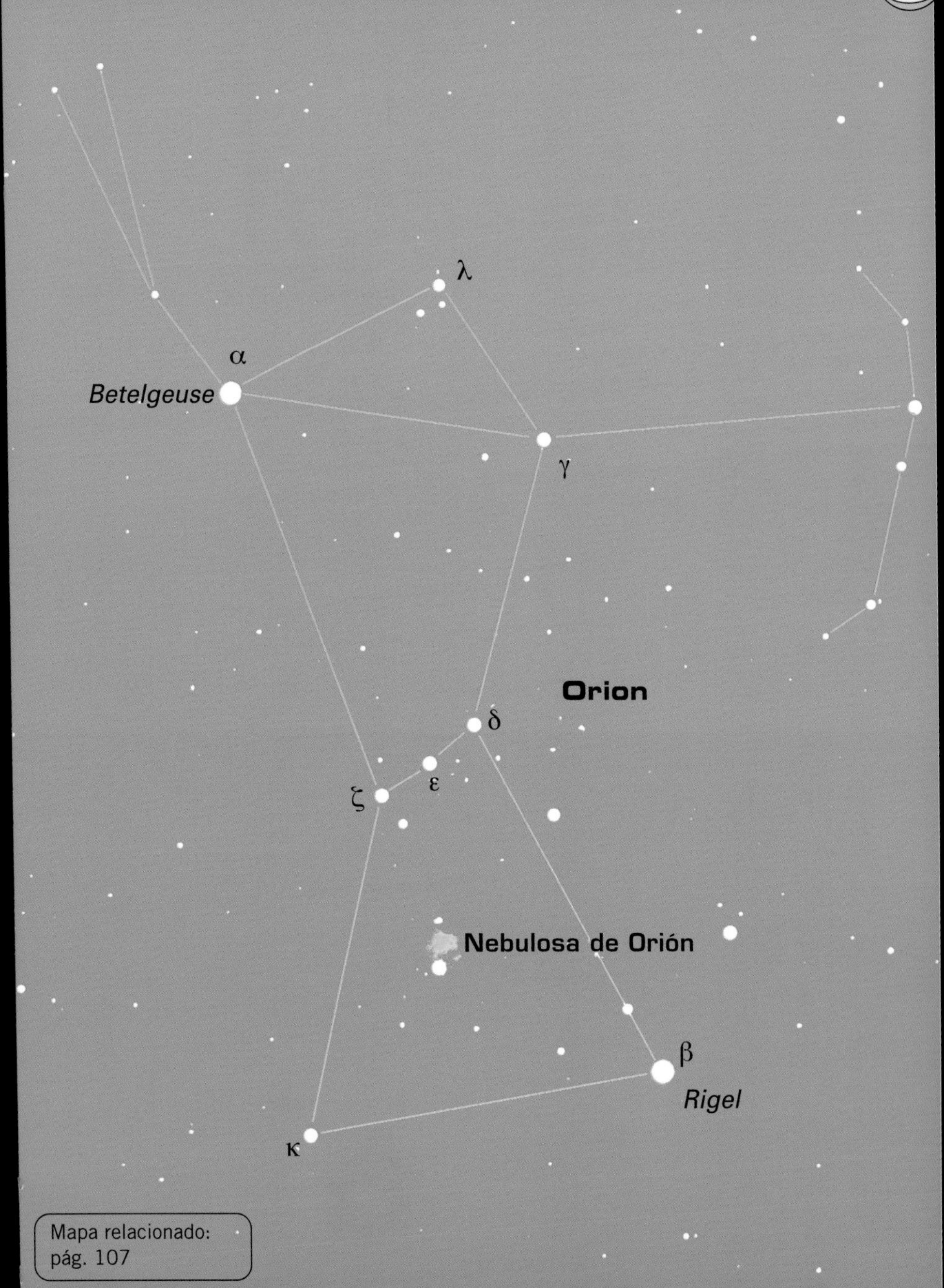

λ

α

Betelgeuse

γ

Orion

δ

ζ ε

Nebulosa de Orión

β

Rigel

κ

Mapa relacionado:
pág. 107

153

a simple vista desde cielos con un mínimo de oscuridad, puesto que ronda la 4ª magnitud. Los gases que conforman la nebulosa consisten, sobre todo, en hidrógeno y helio que datan de los orígenes del universo, además de nitrógeno y oxígeno generados por fusión nuclear durante la evolución de las estrellas. La luz ultravioleta arranca los electrones de sus núcleos y, durante la recombinación, emiten colores espectrales bien definidos: rojo rosado para el hidrógeno y verde y azul para el oxígeno. Como el ojo humano no es muy sensible al rojo, con telescopios de un tamaño considerable, las partes más brillantes de la nebulosidad se aprecian de color verdoso. Al observar la nebulosa con cielo oscuro y transparente a través de un telescopio con pocos aumentos, se divisan fantásticos torbellinos rizados de polvo y gas por una vasta región. Con oculares de aumentos intermedios, se verá que la región central alberga varias estrellas brillantes; tres casi en línea y 4 que forman lo que se denomina el Trapecio. También se aprecia una nube oscura de polvo que se adentra en el núcleo interno y brillante de la nebulosa alrededor del Trapecio. Esto se denomina Boca del Pez. Con más aumentos se ven las cuatro estrellas, de la A a la D, del Trapecio. La más brillante tiene magnitud 5 y aporta la inmensa mayoría de la luz ultravioleta que excita el gas de la nebulosa.

Otras dos son de 6ª magnitud, y la más tenue de 8ª magnitud. Con aumentos muy grandes en noches oscuras y con buena estabilidad (más bien escasas), incluso un telescopio de 100 mm captará una quinta componente, de 10ª magnitud, llamada E y que forma un triángulo aplastado con el par estelar más cercano. Reside justo fuera del Trapecio. También hay una sexta estrella, de magnitud entre 10 y 11 y llamada F, en el lado opuesto del Trapecio, pero ésta resulta mucho más difícil de divisar.

Mapa relacionado:
pág. 106

Constelación de
Pegaso (Pegasus)

Pegaso alcanza su mayor altura en el firmamento durante septiembre, octubre y noviembre, y su cuadrado (el cuerpo del caballo alado) es una figura muy bien conocida. Una prueba muy buena para medir la transparencia del cielo consiste en contar el número de estrellas que se aprecian a simple vista dentro del cuadrado. Si se divisan cuatro, hay una transparencia aceptable, pero si se ven más de cuatro, será una noche excelente para lanzarse a la caza y captura de

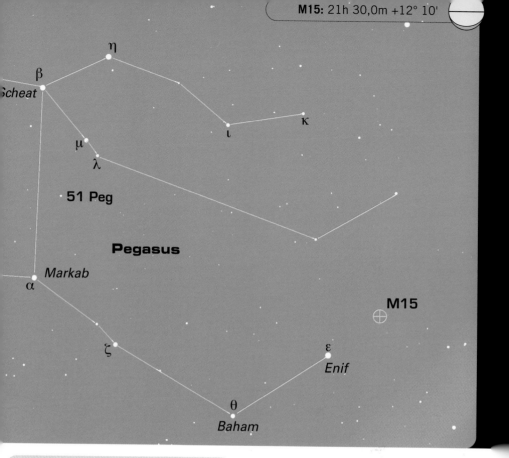

η

β
Scheat

μ
λ

51 Peg

κ
ι

Pegasus

Markab
α

M15

ζ

ε
Enif

θ
Baham

galaxias y nebulosas tenues Pegaso está apartado de la Vía Láctea, de modo que no abundan objetos difusos, aunque en los alrededores hay dos objetos de la A-List.

M15   Pegaso

Cúmulo globular   P M

M15 es uno de los seis cúmulos globulares que brillan más de magnitud 7 en el firmamento boreal. Se encuentra a unos 30.000 años-luz de distancia, más allá de las densas bandas de polvo y nubes estelares de Sagitario. M15 se encuentra con facili-

dad prolongando 4° en dirección noroeste la línea que une las dos estrellas zeta (θ) y épsilon (ε) Pegasi. Por tanto, si se sitúa épsilon en el extremo adecuado del campo de los prismáticos o el buscador, M15 aparecerá hacia el otro extremo. Con aumentos intermedios, se ve que el cúmulo reside dentro de un triángulo de estrellas, una de 7ª y dos de 8ª magnitud. M15 dista 37.000 años-luz. Visualmente presenta un tamaño angular aproximado de 7 minutos de arco y un núcleo muy brillante y compacto. Tiene un brillo conjunto de magnitud 6,2, lo que significa que, en condiciones óptimas de visibilidad, se divisa a simple vista. Las estrellas más brillantes son de magnitud 12 y 13, de modo que con telescopios de grandes aberturas se diferencian como objetos aislados del fulgor de las estrellas más débiles del cúmulo. Una imagen reciente del telescopio espacial Hubble muestra que las estrellas situadas en el denso núcleo de M15 están más concentradas que en ningún otro lugar de la Galaxia, salvo en el mismísimo centro. Al menos coexisten 30.000 estrellas en un volumen de tan sólo 22 años-luz de ancho. Esto podría deberse a un proceso denominado «colapso del núcleo», o ¡quizá haya un agujero negro masivo oculto en el centro!

51 — Pegaso

51 Pegaso •
Estrella con planeta   P

Tal vez se trate de una entrada extraña para la A-List. No hay nada que ver salvo una estrella suelta de magnitud 5,49 situada al oeste (unos 2°) de la línea que une las dos estrellas del lado occidental del cuadrado, alfa (α) y beta (β) Pegasi, aunque algo más cerca de alfa. Entonces, ¿por qué se incluyó? Sencillamente porque es un objeto histórico: la primera estrella parecida al Sol donde se ha detectado un planeta. El planeta, llamado 51 Pegasi b, tiene una masa mínima 0,47 veces mayor que la de Júpiter y orbita 51 Pegasi cada 4,23 días; compárese este dato con los 88 días que tarda Mercurio en completar una vuelta alrededor del Sol. La órbita circular tiene un radio de tan sólo 0,05 au, sólo 7,5 millones de kilómetros. Al hallarse tan cerca de la estrella, debe albergar temperaturas extremadamente altas en la atmósfera, tal vez 1.000 °C, y sufrirá fuerzas de marea intensísimas. Nadie esperaba que un planeta gigante pudiera existir tan cerca de su estrella, y este caso dio mucho que pensar a los teóricos.

Y, ¿cómo se descubrió? La luz que refleja este planeta se pierde en el fulgor de la estrella, de modo que no llega a verse. En cambio, tanto el planeta como la estrella orbitan alrededor de un centro de gravedad común, por lo que 51 Peg se desplaza alrededor de un pequeño círculo. Esto significa que en ocasiones se acerca a nosotros y otras veces se aleja, lo que induce un desplazamiento muy ligero

en las líneas espectrales debido al efecto Doppler. Eso fue lo que se detectó en el espectro de 51 Peg y lo que permitió calcular el período y la masa mínima del planeta compañero. Desde entonces se han localizado otros muchos planetas mediante este método, pero 51 Pegasi b siempre tendrá la distinción de haber sido el primero.

51 Pegasi: 22h 57,6m +20° 46'

Perseo (Perseus)

Perseo cae sobre el plano de la Galaxia, pero, al mirar hacia él, se dirige la vista en dirección opuesta al centro galáctico, de modo que en él hay menos cúmulos que cuando se mira hacia Sagitario o Escorpio. No obstante, los dos cúmulos que forman el cúmulo Doble de Perseo brindan una de las mejores imágenes con prismáticos de todo el cielo, y Perseo alberga, además, un sistema estelar muy interesante, Algol. Mientras en el hemisferio norte Perseo luce alto en la vertical durante los últimos meses del año, desde el sur sólo se alza lo justo sobre el horizonte del norte como para que se vea Algol, aunque, por desgracia, el cúmulo Doble se queda bajo el horizonte.

C14 — Perseo

El cúmulo Doble •
Cúmulos abiertos   O P B M

Estos dos cúmulos preciosos, que se aprecian a simple vista como una mancha desdibujada en medio de la Vía Láctea, aparecen en el mismo campo de visión con prismáticos o telescopios pequeños con pocos aumentos. El mejor modo de localizarlos con-

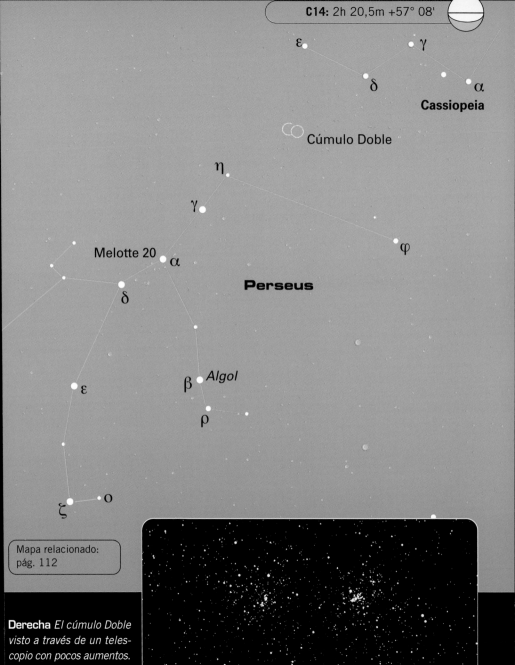

ε

γ

δ

α

Cassiopeia

Cúmulo Doble

η

γ

φ

Melotte 20

α

Perseus

δ

β *Algol*

ρ

ε

ζ   o

Mapa relacionado:
pág. 112

Derecha *El cúmulo Doble
visto a través de un telescopio con pocos aumentos.*

siste en recorrer la zona a simple vista, con prismáticos o el buscador al este y un tanto al sur de Casiopea, en la prolongación de la línea que forman las brillantes gamma (γ) y delta (δ) Cas. Los núcleos brillantes de ambos cúmulos mantienen una separación inferior a un diámetro lunar, 25 minutos de arco, y juntos abarcan más de un grado de cielo. Dada la separación que mantienen y el brillo aparente individual, entre la 5ª y la 4ª magnitud, deberían divisarse como objetos independientes. Pero esto no suele ocurrir. Curiosamente, hay más posibilidades de lograrlo hacia el final del crepúsculo, cuando empiezan a hacerse manifiestos, pero las estrellas de fondo de la Vía Láctea aún no se ven. (De manera similar, las estrellas más brillantes de las constelaciones, las que forman las figuras que conocemos, se revelan mucho más claras durante el crepúsculo o con contaminación lumínica que con una oscuridad absoluta. Por eso se aconseja aprender la figura y la posición de las constelaciones con unos cielos no demasiado satisfactorios.) Ambos cúmulos, también conocidos como h y ji (χ) Persei, se ven preciosos a través de prismáticos de 10x50, y cada cúmulo muestra un núcleo brillante con muchas estrellas individuales. Con un ocular de pocos aumentos llegan a verse en el mismo campo y, si entonces se cambia a unos aumentos intermedios, se observará cada uno en detalle. Ambos residen en el brazo espiral de Perseo de la Galaxia a unos 7.300 años-luz de distancia, y ambos datan de hace unos 3 millones de años.

Perseo

Algol – Beta (β) Persei •
Binaria eclipsante   O P

Algol es una de las estrellas más destacadas y célebres del cielo. Su nombre árabe es Al Ghul, que significa la estrella «demonio». ¿Por qué un demonio? ¡Porque parpadea! Cada 2,87 días experimenta descensos bruscos de brillo que van desde la magnitud 2,1 hasta 3,4, y después vuelve a recuperarse hasta 2,1 a lo largo de un intervalo de 10 horas. John Goodricke, de Cork, fue uno de los primeros astrónomos que descubrió estas variaciones regulares de brillo entre 1782-1783. Mucho después, en 1881, los astrónomos repararon en que el efecto podría deberse a un sistema binario donde el plano orbital de ambas estrellas estuviera casi alineado con la Tierra, de modo que cada 2,87 días se produce un eclipse parcial. Esto sucede cuando la componente más débil se sitúa delante de la más brillante. Entre cada descenso grande de brillo se produce otro descenso mucho más leve debido a que la estrella brillante se interpone ante la tenue. La estrella primaria es una azul de tipo B con una temperatura en superficie de 12.000 K. La secundaria es una gigante naranja de tipo K, una clase mucho mayor, pero más débil. Curiosamente, ambas estrellas no parecen seguir las pautas habituales de evolución estelar. Las estrellas más masivas evolucionan más deprisa que las menos masivas, de modo que la gigante naranja (que ya se ha apartado de la secuencia principal) debería ser más masiva que la estrella azul primaria y, en cambio, tienen menos masa. Parece que desde la estrella gigante cede materia (y, en consecuencia, pierde masa) a la estrella normal, cuya masa, por tanto, aumenta.

Algol: 3h 8,2m +40° 57'

Constelación de
Sagitario (Sagittarius)

Sagitario, situada en la dirección del centro galáctico, es una de las constelaciones más ricas del firmamento. Por desgracia, desde el norte de Europa, tiende a perderse baja sobre el horizonte del sur durante los breves meses de verano, lo que constituye un motivo excelente para viajar al hemisferio sur y observarlo desde allí, donde luce alto en el cielo durante todo el invierno. Las estrellas principales forman la figura de una tetera. Alberga 15 objetos Messier, cuatro de los cuales integran la A-list.

M8 Sagitario

Nebulosa Laguna • Nebulosa difusa y cúmulo abierto   P B M

Tal vez se trate de una de las regiones más bellas de la Vía Láctea. Se halla a algo más de 5° al oeste y un tanto al norte de lambda (λ) Sagittarii (la punta de la tapa de la tetera). Por tanto, si se sitúa lambda en el borde adecuado del campo de unos prismáticos o un buscador, M8 caerá en el borde opuesto del campo. Es muy difícil de confundir y su magnitud 5 permite localizarla a simple vista. La región mide un grado y medio de ancho, donde la región principal de nebulosidad brillante ocupa un extremo, y un cúmulo abierto joven, NGC 6530, ocupa el otro extremo. Una banda de polvo en dirección este-oeste, más manifiesta con aumentos bajos o intermedios, podría explicar que recibiera el nombre de nebulosa Laguna, aunque se asemeja más a un río que a una laguna. La luz ultravioleta de una estrella muy caliente de 6ª magnitud, 9 Sagittarii, y de otras en su mayoría ocultas por el polvo es la que

Superior *Los ricos campos estelares de Sagitario, ubicados hacia el centro de la Galaxia, albergan cúmulos abiertos de estrellas jóvenes.*

excita el gas que fulgura en las brillantes regiones de emisión. La parte más brillante de esta región se denomina nebulosa del Reloj de Arena, debido a su forma. Aunque no se ve con telescopios pequeños, la nebulosa alberga muchos «glóbulos» oscuros, compactos y pequeños, que son nubes de polvo y gas en contracción, con una extensión típica de 10.000 au de ancho y que son estrellas nuevas que atraviesan los primeros estadios de formación.

M17　　　　Sagitario

Nebulosa del Cisne o nebulosa Omega • Nebulosa difusa　　P M

M17 tiene muchos nombres aparte de los dos más habituales, mencionados en el encabezamiento. También se la denomina nebulosa de la Herradura o de la Langosta, nombre que se emplea sobre todo en el hemisferio sur. Como en todas las nebulosas brillantes, debe su brillo a que la luz ultravioleta emitida por las estrellas jóvenes y calientes que alberga en su interior excita el gas circundante. Se encuentra en el extremo septentrional de Sagitario, en la frontera con el Escudo (Scutum), 9° al norte y algo al oeste de la estrella lambda (λ) Sagitarii, que perfila la punta de la tapa de la tetera. Por tanto, una vez situada esta estrella en la parte izquierda (desde el hemisferio sur, en la derecha) del campo de unos prismáticos o un buscador, hay que desplazarse hacia el norte un tramo equivalente a unos dos campos de visión. Esta mancha de luz de 6ª magnitud, de tamaño algo mayor que la Luna llena, se ve con facilidad con prismáticos y hasta llega a detectarse a simple vista en cielos oscuros. Los telescopios revelan la forma de cisne de la región central de la nebulosa, mientras que, entre las hebras más tenues de nebulosidad, se aprecia un cúmulo abierto de estrellas azules de 9ª magnitud. La parte más brillante de la nebulosa mide unos 15 años-luz de ancho y alberga suficiente gas como para gestar centenares de estrellas.

M20 • M21　　　Sagitario

Nebulosa Trífida • Nebulosa difusa y cúmulo　　P B M

M20 se halla justo al norte de la nebulosa Laguna (*véase* más arriba cómo localizarla) y se abarca, junto con M8 y el cúmulo abierto M21, dentro de un campo de 2° (como el de la mayoría de telescopios pequeños con pocos aumentos). La descubrió Charles Messier en 1764, quien la describió como un cúmulo de estrellas de 8ª a 9ª magnitud envuelto en nebulosidad. Recibe el nombre de nebulosa Trífida porque parece estar dividida en tres segmentos por bandas de polvo que radian desde la región central brillante. También se asemeja a una hoja de trébol. Las fotografías en color revelan que, además de la nebulosidad de emisión, que se muestra de color rojo (emitida por la excitación del hidrógeno), también hay una nebulosa de reflexión extensa y azul en la parte septentrional. 1° al nordeste de M20 se encuentra M21, un cúmulo abierto de magnitud 6,5 formado por unas 60 estrellas. Presenta gran concentración en el núcleo. Los miembros más brillantes son de tipo B0 (estrellas gigantes con una existencia muy breve), por eso se sabe que el cúmulo debe de ser muy joven, quizas de unos 4,6 millones de años.

M20: 18h 02,6m -23° 02'
M21: 18h 04,2m -22° 30'

M17: 18h 20,8m -16° 11'

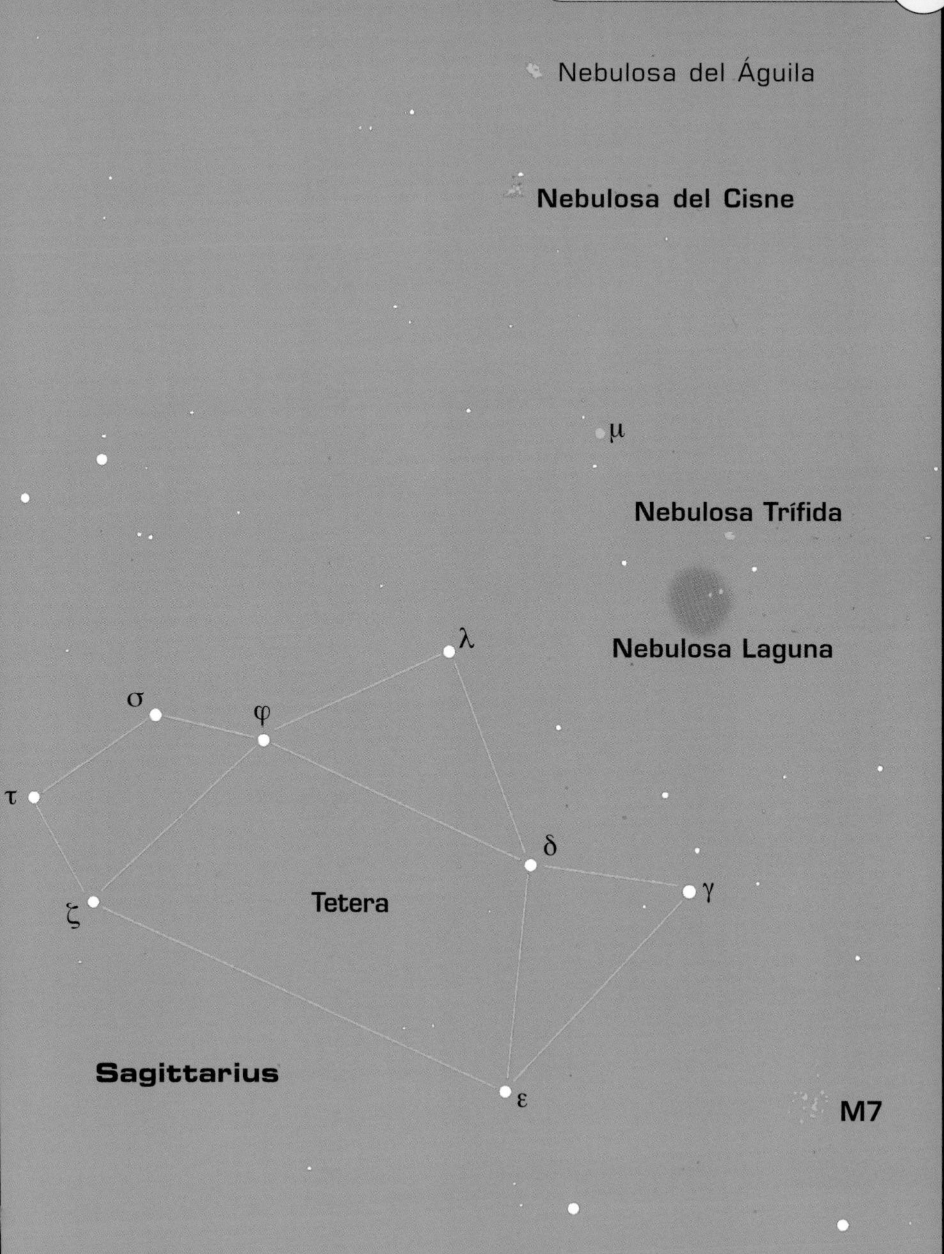

Nebulosa del Águila

Nebulosa del Cisne

μ

Nebulosa Trífida

λ

Nebulosa Laguna

σ

φ

τ

δ

γ

ζ

Tetera

Sagittarius

ε

M7

Mapa relacionado:
pág. 111

Constelación de Escorpio
Escorpión (Scorpius)

Escorpio, cuya cola se arquea bajo Sagitario, incluye la estrella Antares, la 13ª más brillante de todo el cielo. Se trata de una variable irregular cuyo brillo oscila desde 1,02 hasta 0,86 magnitudes. El Escorpión cae sobre el plano de la Galaxia y, por consiguiente, abunda en cúmulos estelares globulares y abiertos. Cuatro de estos últimos pertenecen a la A-List. La constelación permanece baja por el sur en el hemisferio norte durante el verano, pero alta en los cielos australes del invierno.

M6   Escorpio

Cúmulo de la Mariposa
• Cúmulo abierto   O P B

M6 es un cúmulo de unas 120 estrellas que recuerda al perfil de una mariposa con las alas desplegadas. Las estrellas más brillantes del cúmulo tienen magnitudes entre 6 y 7, mientras que 60 superan la 11ª magnitud. Las estrellas que más destacan son blanquiazules, con la salvedad de la más brillante de todas, una estrella variable semirregular amarillo-anaranjado que fluctúa entre 7 y 5,5 magnitudes cada 850 días aproximadamente. Crea un constraste de color muy lindo con las estrellas blanquiazules circundantes. La magnitud visual global del cúmulo es de 4,2, de modo que es fácil percibirlo a simple vista en cielos oscuros. Se halla 4,5° al noroeste de M7 (*véase* inferior) y, con prismáticos o un buscador, tal vez resulte más fácil de localizar explorando la región al noroeste de M7, puesto que

Derecha En esta imagen de los ricos campos estelares de Escorpio se aprecian las bandas de polvo que pueblan la Galaxia.

ambos caen dentro del mismo campo de visión. M6 se extiende por un área con unos 20 minutos de arco de anchura, el equivalente a dos tercios del diámetro angular de la Luna. El cálculo de la distancia plantea cierta dificultad debido al oscurecimiento que sufre la luz por el polvo de la Galaxia, pero ronda los 1.600 años-luz, lo que implicaría que el cúmulo abarca un volumen del espacio de 12 años-luz de diámetro. Se estima que cuenta con 100 millones de años de antigüedad.

M7   Escorpio

Cúmulo de Tolomeo •
Cúmulo abierto   O P B

Se trata, con gran diferencia, del cúmulo más patente de la constelación del Escorpión, donde destaca como una región muy brillante de la Vía Láctea. Imaginemos simplemente que la tetera de Sagitario,

M6

M7

λ

κ

ι

υ

η

ζ

μ

ε

El Joyero de Escorpio

Scorpius

τ

α

Antares

σ

δ

π

β

Mapa relacionado:
pág. 110

al nordeste, vertiera té. Pues bien, M7 se halla justo donde tendría que estar la taza. Resulta evidente a través de prismáticos y, con una magnitud de 3,3, se divisa con facilidad a simple vista. Ya en el año 130 de nuestra era, Tolomeo mencionó este cúmulo espléndido, y hace poco se propuso bautizarlo con su nombre: una idea excelente. El cúmulo alberga unas 80 estrellas diseminadas por un campo angular de 80 minutos de arco de ancho y todas brillan más de una magnitud 10. El miembro más brillante lo encarna una gigante amarilla de 5ª magnitud, mientras que alrededor de una docena de miembros brilla más de una magnitud 7. Se le atribuye el doble de edad que M6, lo que equivale a unos 220 millones de años.

> **M7:** 17h 53,9m -34° 49'

C76 — Escorpio

El Joyero de Escorpio o Joyero del Norte •
Cúmulos abiertos gemelos O P B

Se trata del nombre con el que se conoce otra región preciosa de la Vía Láctea situada en el extremo occidental de la cola del Escorpión, casi al sur de épsilon (ε) Scorpii. Esta región entra en el campo de visión al desviarse hacia el sur desde ε Scorpii, unos dos campos de prismáticos, pasando por un par de estrellas de 3ª magnitud, mi^1 (μ^1) y mi^2 (μ^2), y detenerse en dseda (ζ) Scorpii, otro sistema estelar doble. Curiosamente, dseda es una de las estrellas más luminosas de la Galaxia (¡con más de 100.000 veces el brillo del Sol!). Justo al norte de dseda Scorpii reside el cúmulo abierto brillante y compacto NGC 6231, al nordeste del cual figuran dos cúmulos abiertos dispersos llamados Cr 316 y Tr 24 (los números 316 y 24 corresponden, respectivamente, a las entradas en los catálogos de cúmulos de P. Collinder y R. J. Trumpler de la década de 1930). Más al norte reside un segundo cúmulo compacto, NGC 6242. Justo al norte de los cúmulos dispersos hay una extensión brillante de nebulosidad catalogada como IC 4268. Esta región tiene el aspecto de un cometa

(cuya «cola» se arquea hacia el noroeste en dirección opuesta a la «cabellera», representada por NGC 6231), de ahí que, en ocasiones, también se la denomine nebulosa del Falso Cometa. Este objeto señala uno de los brazos espirales más cercanos de la Galaxia, a unos 6.000 años-luz de distancia. NGC 6231 es un cúmulo muy joven, de unos 3,2 millones de años de edad, tal y como indica el hecho de que el miembro más brillante lo constituya una estrella de tipo O con una magnitud aparente de 4,7. Estos astros agotan el combustible rápidamente y, por tanto, tienen una vida muy breve (aunque espectacular).

> **C76:** 16h 54,2m -41° 50'

Tauro alcanza su altura máxima en el firmamento durante diciembre y enero, pero desde el hemisferio norte se ve con facilidad durante los meses próximos a ellos. Forma parte de un paisaje celeste espectacular completado por Orión, el Can Mayor y Géminis. Tauro alberga tres objetos de la A-List: los dos cúmulos abiertos más cercanos a nosotros y un remanente de supernova.

C41 — Tauro

Las Híades
• Cúmulo abierto O P B

Este famoso cúmulo en forma de V perfila la cabeza de Tauro, o el Toro, cuyo ojo lo representa la brillante estrella Aldebarán. En realidad, Aldebarán no forma parte del cúmulo y se halla a la mitad de la distancia a la que se encuentra el cúmulo: 150 años-luz. Se sabe que las estrellas forman parte de un cúmulo al medir los «movimientos propios», es decir, la trayectoria que siguen por el firmamento. Todas las estrellas

Taurus

ε

δ

Cúmulo de las Híades

α

Aldebarán

γ

Mapa relacionado:
pág. 107

de las Híades se desplazan en paralelo hacia el este, en dirección a un punto próximo a Betelgueuse, en Orión. En cambio, Aldebarán se mueve hacia el sur. El cúmulo tiene un núcleo central de unos 10 años-luz de diámetro, y los miembros exteriores se distribuyen por un volumen de espacio que ronda los 80 años-luz de ancho. Se cree que tiene unos 730 millones de años de antigüedad. Su extensión angular supera los 5° de ancho, de modo que se ve mejor con prismáticos, aunque un telescopio con pocos aumentos puede brindar una imagen mejor del núcleo con una estrella doble sobresaliente.

M45   Tauro

Cúmulo de las Pléyades
• Cúmulo abierto   O P B

Este cúmulo abierto, tal vez el más bonito del cielo, también se conoce a menudo como las Siete Cabrillas o las Siete Hermanas. Este último nombre proviene de un mito según el cual siete hermanas fueron trasladadas al firmamento para que superaran el dolor por la muerte de su padre. Curiosamente, casi nadie ve siete estrellas justas. La mayoría de la gente detecta sólo seis a simple vista y en noches oscuras. Hay un descenso brusco de brillo entre las seis estrellas más sobresalientes y las cuatro que las siguen en brillo, aunque aún se sitúan por encima del límite de visibilidad estipulado para el ojo humano, de magnitud 6. Por tanto, es probable que quienes divisen más de seis estrellas vean nueve o diez. Por increíble que parezca, en condiciones inmejorables y con la vista bien adaptada, algunas personas han llegado a distinguir ¡hasta 30 miembros! El cúmulo mide unos 2° de ancho, y los prismáticos o los telescopios de escasa longitud focal y pocos aumentos abarcan todo el cúmulo en su conjunto: una de las mejores imágenes de todo el cielo. Tiene una belleza particular un pequeño triángulo de estrellas justo al lado de Alcíone (Alcyone), el miembro más brillante del cúmulo, y una estrella doble que se ve casi en el cen-

β

Nebulosa del Cangre

ζ

Mapa relacionado: pág. 107

tro del mismo. El cúmulo de las Pléyades es muy joven, entre 70 y 100 millones de años de edad, y alberga unas 100 estrellas. Dista tan sólo 380 años-luz de nosotros, de modo que se trata de un vecino bastante próximo. Las fotografías en color revelan que los miembros más brillantes del cúmulo están envueltos en nebulosas de reflexión azules. Éstas son provocadas por la luz estelar que se refleja en los granos de polvo del espacio que media entre las estrellas y, por tanto, no es de extrañar que se aprecien mejor alrededor de las tres estrellas más brillantes. Con cielos muy transparentes y oscuros llega a verse esta nebulosidad, pero casi a la inversa: el fondo de cielo en el centro mismo del cuadrado que forman las cuatro estrellas más brillantes del cúmulo se muestra mucho más oscuro que los fragmentos de cielo próximos a las estrellas en sí.

M45: 04h 26,9m +15° 52'

Cúmulo de las Pléyades

Taurus

ε

δ

Cúmulo de las Híades

α

Aldebaran

γ

λ

M1

Tauro

La nebulosa del Cangrejo
• Remanente de supernova   M

Es uno de los dos remanentes de supernova que figuran en la A-List (el otro lo encarna la nebulosa de los Encajes en el Cisne), y es uno de los 100 objetos de este tipo que se conocen en la Galaxia. La explosión de la estrella progenitora se observó en el año 1054 de nuestra era y aparece registrada en textos chinos. No existe ningún registro europeo del evento, tal vez porque, a los ojos de la Iglesia, los cielos eran perfectos e inmutables, de modo que los amanuenses, por lo común monjes, bien pudieran mostrarse reacios a narrar tales sucesos. Desde el estallido, el gas lanzado por la explosión se ha ido expandiendo por el espacio y, poco a poco, se va desvaneciendo. El hecho de que aún brille en la región visible del espectro se debe a que el centro alberga toda una central energética: el púlsar del Cangrejo. El núcleo de la masiva estrella progenitora se colapsó hasta alcanzar el tamaño de una ciudad grande (pero sigue pesando más que el Sol) y empezó a girar a gran velocidad. La energía se radia desde la región del espacio situada sobre los polos magnéticos de este objeto y actúa como un faro interestelar; dos haces de luz y ondas de radio recorren el cielo 30 veces por segundo. Parte de la energía emitida es lo que mantiene el brillo de la nebulosa. La nebulosa es una mancha borrosa de 6 por 4 minutos de arco, 1° al noroeste de la estrella de 3ª magnitud dseda (ζ) Tauri. Unos prismáticos o un telescopio con pocos aumentos muestran ambos objetos en el mismo campo, de modo que M1 se localiza con facilidad con unos prismáticos de

8x40 o 10x50. Con telescopios con más aumentos tal vez resulte algo más fácil de ver. El púlsar es una de las dos estrellas del centro de la nebulosa, ambas alrededor de la 16ª magnitud. Con telescopios de 250 mm y desde un emplazamiento inmejorable con cielo oscuro y unas condiciones excelentes de visibilidad, puede incluso llegar a observarse ese objeto, el más exótico que nadie esperaría ver jamás. El nombre de nebulosa del Cangrejo se lo otorgó el sexto conde de Rosse, quien la observó con un reflector de 183 cm, el mayor telescopio del mundo, desde el castillo de Birr, en Irlanda. En sus dibujos se parece a un cangrejo cacerola (alguien diría que a una piña), de ahí su nombre.

Constelación del
Triángulo (Triangulum)

Véase en pág. 120 «Constelaciones de Andrómeda (Andrómeda) y el Triángulo (Triangulum)».

Constelación del
Tucán (Tucana)

Esta pequeña constelación, próxima al polo sur celeste, se ve mejor en primavera. Aunque es pequeña, cuenta con varias estrellas brillantes y alberga dos de las joyas del cielo austral.

NMeM   Tucán

Nube Menor de Magallanes
• Galaxia irregular   O P B

Esta pequeña galaxia es compañera de la nuestra. Dista entre 210 y 250 mil años-luz, lo que la convierte en la tercera galaxia más cercana (precedida por la Nube Mayor de Magallanes y la elíptica enana de Sagitario). Abarca una extensión angular de 280 por 160 minutos de arco y se muestra como una nube tenue en cielos oscuros. La NMeM tiene que conocerse desde la antigüedad, pero fue «descubierta» por el explorador Fernando de Magallanes en 1519. A simple vista parece un pequeño fragmento desprendido de la Vía Láctea. Pero los prismáticos o telescopios revelan que alberga tanto cúmulos estelares abiertos como nebulosas brillantes. La NMeM alberga un gran número de estrellas azules calientes. Como éstas tienen una existencia breve, desvelan que la galaxia ha atravesado un período de formación estelar hace poco. La NMeM describe una órbita casi circular alrededor de la Galaxia. Al conocer el período y el diámetro de esa órbita se puede calcular la masa total de nuestra Galaxia, la cual resulta ser bastante mayor que la masa calculada para la materia normal (en forma de estrellas, planetas, gas y polvo) y, por tanto, indica la existencia

Izquierda *La Nube Menor de Magallanes es una galaxia irregular pequeña que orbita alrededor de la Galaxia y que se halla en el firmamento cerca del polo sur celeste.*

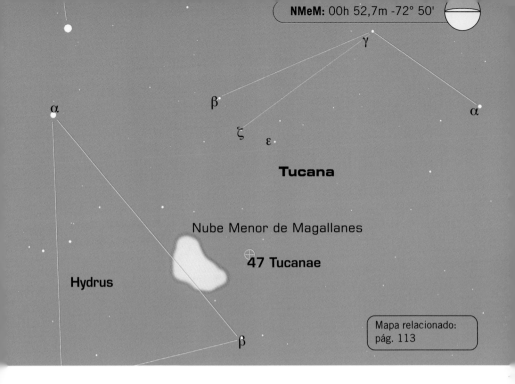

γ

β

α

α

ζ

ε

Tucana

Nube Menor de Magallanes

47 Tucanae

Hydrus

β

Mapa relacionado:
pág. 113

de «materia oscura», un tipo de materia sobre la que aún se sabe poco.

C106 Tucán

47 Tucanae • Cúmulo globular
O P M

Cerca de la NMeM luce el segundo cúmulo globular en cuanto a tamaño y brillo de todo el cielo. Dada su magnitud visual muy próxima a 4, se detecta con facilidad a simple vista en cielos oscuros (abarca un área de un tamaño similar al de la Luna llena). Ocupa el segundo puesto, precedido por omega Centauri, pero sólo es 0,05 magnitudes más débil, una diferencia prácticamente insignificante. Tanto 47 Tucanae como omega Centauri superan en un factor 3 el brillo de cualquier otro cúmulo globular en órbita alrededor de la Galaxia. No se «descubrió» has-

ta 1751, año en que fue observado por Lacaille, pero aparece cartografiado como estrella en la obra *Uranometria* de Bayer de 1603. (Fue Bayer quien otorgó las designaciones con letras griegas a las estrellas brillantes; *véase* pág. 20.) 47 Tuc (como suele abreviarse) dista algo más de 13.000 años-luz del Sol, lo que lo convierte en uno de los globulares más cercanos. Las estrellas más brillantes rondan la magnitud 14, de modo que, con telescopios de 200 mm, se muestran como puntos aislados de luz contra el fulgor difuso de fondo que crean las estrellas más tenues del cúmulo. Tiene un núcleo compacto bien definido. Los cúmulos globulares albergan algunas de las estrellas más viejas de la Galaxia (algunas estimaciones les atribuyen una edad superior a 12 mil millones de años). Esto ayuda a concretar los modelos sobre evolución del universo: tiene que ser más antiguo que las estrellas más viejas.

C106: 00h 24,1 -72° 05'

Constelaciones de la
Osa Mayor
y los Lebreles

Por desgracia, estas dos constelaciones sólo se divisan desde el hemisferio norte. El Carro (ilustrado con líneas finas en el mapa) es uno de los asterismos más conocidos del firmamento, y casi todo el mundo sabe que siguiendo la línea que une las dos estrellas Merak y Dubhe (conocidas como los punteros), que forman la pared posterior del carro, se llega a la estrella Polar y, por tanto, apuntan hacia el verdadero norte. El resto de estrellas que perfilan el cuerpo de la osa no resultan tan evidentes. La Osa Mayor alberga dos objetos de la A-List, además de algún objeto interesante que también figura en el mapa. La constelación de los Lebreles es muy pequeña e insignificante, situada bajo la cola de la osa, pero alberga uno de los objetos más bellos del firmamento, la galaxia Remolino.

Alcor • Mizar   Osa
Mayor

Dobles ópticas y telescópicas
O P M

Mizar, dseda (ζ) Ursae Majoris, es la estrella central de las tres que conforman la cola de la osa. La gente con buena vista consigue apreciar que cuenta con una estrella compañera apretada, a 12 minutos de arco de separación, llamada Alcor. El par se ve con facilidad con prismáticos, y recibe el nombre conjunto de «caballo y jinete». Las dos estrellas se orbitan entre sí una vez cada millón de años y, en 1650, se convirtieron en la primera estrella doble observada jamás. No obstante, si, además, se ob-

serva el par con un telescopio, se verá que Mizar es, a su vez, otra doble formada por dos componentes blancas con una separación de 14 segundos de arco, por lo que son fáciles de resolver incluso en condiciones de visibilidad mediocres. Pero, en realidad, ambas componentes son también dobles (aunque no llega a verse con ningún telescopio), lo que convierte a Alcor y Mizar en un sistema estelar quíntuple. Si se enfoca hacia Alcor y Mizar con un telescopio equipado con un ocular de aumentos intermedios, aparecerá en el campo una tercera estrella rojiza que forma con ellas un triángulo aplastado. Fue bautizada como Sidus Ludovicianum para honrar a Ernst Ludwig V por un observador (no muy bueno) que la confundió ¡con un planeta!

M81 • M82   Osa
Mayor

Galaxias espiral e irregular
P B M

Se trata de un par de galaxias próximas entre sí, tanto visual como espacialmente. Al no existir estrellas brillantes en los alrededores, no son las más fáciles de localizar. Lo mejor tal vez sea usar de puntero la línea que une gamma (γ) y alfa (α) Ursae Majoris, las estrellas situadas en las esquinas izquierda inferior y derecha superior del remolque del Carro. Al prolongar esa línea hacia arriba a la derecha, las galaxias aparecerán a 10° (o dos diámetros del campo) de α Ursae Majoris. Ambas distan unos 12 millones de años-luz, y entre el centro de cada una de ellas median alrededor de 150.000 años-luz. Los telescopios con oculares de pocos aumentos las muestran en el mismo campo (mantienen una separación de 37 minutos de arco); después, se pueden usar aumentos mayores para observarlas de manera independiente.

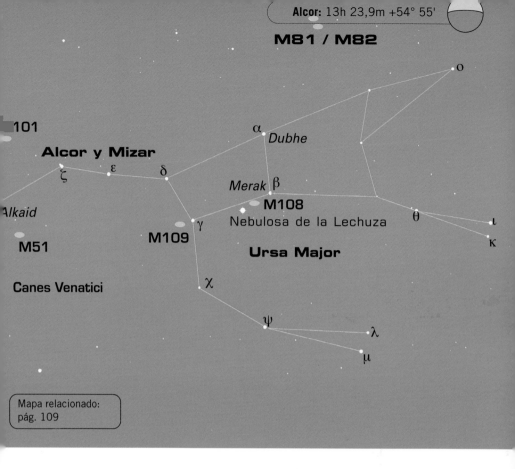

Alcor: 13h 23,9m +54° 55'

M81 / M82

o

α Dubhe

Alcor y Mizar

ζ   ε   δ

Merak β

M108
Nebulosa de la Lechuza

θ

ι

κ

γ

M109

Ursa Major

Alkaid

M51

χ

Canes Venatici

ψ

λ

μ

101

Mapa relacionado:
pág. 109

M81, de magnitud 6,8, es una de las galaxias más brillantes del cielo y, por tanto, fácil de observar con telescopios pequeños. Se trata de una galaxia espiral de tipo Sb, igual que la de Andrómeda (M31), con un núcleo brillante y brazos espirales bastante abiertos. Los telescopios pequeños muestran el centro brillante del núcleo y, en cielos oscuros y transparentes, llega a insinuarse la estructura espiral de los brazos, sobre todo en la parte superior derecha y la inferior izquierda.

M82 es una galaxia irregular alargada con menos brillo conjunto, de magnitud 8,4. Sin embargo, como ocupa un área menor, sigue siendo fácil de localizar como una banda de luz en forma de puro delgado. Parece que un encuentro cercano y «reciente» con M81 ha desencadenado un estallido inmenso de formación estelar, de ahí que se la considere una galaxia con formación estelar eruptiva. Las radioimágenes del núcleo revelan numerosos remanentes de supernova muy jóvenes surgidos tras el final explosivo de las estrellas masivas nacidas allí.

M81: 09h 55,6m +69° 04'
M82: 09h 55,8m +69° 41'

Galaxia espiral en los Lebreles

M

Tal vez se trate del mejor ejemplo de galaxia espiral orientada de frente que se puede observar, por supuesto, con telescopios de aficionado. Se encuentra 3,5° al sudoeste de la última estrella de la cola de la osa, eta (η) Ursae Majoris, y forma un triángulo rectángulo con ella y Mizar. La distancia de M51, una galaxia de tipo Sc, sigue creando cierta controversia; hay quien la sitúa a una distancia de casi 15 millones de años-luz, pero un cálculo reciente arrojó el resultado de 31 millones de años-luz. El propio Messier fue el primero en descubrirla en 1773. Con posterioridad, lord Rosse la observó con el telescopio gigante de 183 cm instalado en el castillo de Birr de Irlanda, y realizó un dibujo precioso de la estructura desplegada de los brazos espirales; fue la primera vez que se observó la estructura espiral de una galaxia. En realidad, M51 consiste en un par de galaxias en interacción: NGC 5194, una espiral grande, y NGC 5195, su compañera irregular y de menor tamaño. Se cree que la interacción gravitatoria de la galaxia menor ha podido desencadenar la formación de brazos espirales en la mayor. Desde cielos lo bastante oscuros, los telescopios pequeños revelarán los núcleos de ambas galaxias separados por 4,5 minutos de arco. Desde cielos realmente oscuros y transparentes, la estructura espiral llega a discernirse, sobre todo con telescopios de 200 mm o más de abertura.

Superior *M51 y su compañera NGC 5194 son galaxias en interacción. M51 fue la primera galaxia donde se observaron brazos espirales.*

Otros objetos Messier

En el mapa figuran, además, otros cuatro objetos Messier: tres galaxias y una nebulosa planetaria. M108 es una galaxia de 10ª magnitud y de tipo Sc muy próxima a Merak, beta (β) Ursae Majoris, mientras que M109 es una espiral de tipo SBc y magnitud 9,8, cercana a gamma (γ) Ursae Majoris. Tiene una barra central destacada de estrellas de cuyos extremos parten los brazos espirales, de ahí la B, de «barrada», que porta en la clasificación de Hubble: SBc. M101 forma un triángulo perfecto con eta (η) y dseda (ζ) Ursae Majoris, las dos últimas de la cola de la osa. Se trata de una galaxia de tipo Sc y de magnitud 7,9 que dista 27 millones de años-luz. Recibe el nombre de galaxia Girándula debido a la amplitud de los brazos, pero los telescopios pequeños probablemente sólo mostrarán el núcleo compacto. Por último, nos encontramos con M97, la nebulosa de la Lechuza, una nebulosa planetaria próxima a M108. su magnitud de 9,9 requiere cielos oscuros para captarla. El disco de material brillante tiene dos «huecos» circulares llamativos que parecen los ojos de una lechuza y le valieron su nombre.

M101

Alcor y Mizar

ζ

ε

δ

η

Alkaid

M51

Canes Venatici

α Dubhe

Merak β

M108

γ

M109

Nebulosa
de la Lechuza

Ursa Major

χ

ψ

Mapa relacionado:
pág. 109

Virgo, Virgen (Virgo)

Virgo es una constelación grande cuya estrella más brillante, la Espiga (Spica), es de 1ª magnitud, pero que alberga muy pocas estrellas más que destaquen. Al norte de la constelación, y adentrándose ya en la vecina Cabellera de Berenice (Coma Berenices) hay una región celeste denominada el «reino de las galaxias». Al mirar en esta dirección dirigimos la vista hacia el centro del supercúmulo local de galaxias, el supercúmulo de Virgo, del que nuestro pequeño «Grupo Local» constituye un miembro periférico. Aquí, Messier registró 16 galaxias y es muy agradable observar toda la región bajo cielos oscuros. Una galaxia de esta zona pertenece a la A-List, además de otra galaxia en la frontera con el Cuervo (Corvus). También forma parte de la lista un sistema estelar doble excelente, aunque muy desafiante en este momento. Virgo se eleva alto en el cielo de abril a junio.

sobre la línea que une beta (β) Leonis, al oeste, con épsilon (ε) Virginis, al este, y se halla casi en el centro de ella, a 10° de β Leonis, a unos dos campos de visión del buscador. Si se usa un telescopio con montura ecuatorial y un ocular con un campo de visión real de 1,5° o más, se puede situar ε Virginis en la parte superior del campo (con la imagen invertida) y fijar el eje de declinación. (En el hemisferio sur: en la parte inferior del campo.) Luego, nos desplazaremos al oeste en ascensión recta unos 31 minutos (7,75°) y M87 debería aparecer en la parte inferior del campo (o superior en el hemisferio sur). M87 se ve como un disco borroso ligeramente esférico.

M87 es una galaxia excepcional. Aunque tiene un diámetro similar al de la Galaxia y es esférica en lugar de discoidal, alberga muchas más estrellas, varios billones. Las fotografías de exposición larga revelan que abarca mucho más que los 7 minutos de arco que muestra en la mayoría de las fotografías, tal vez hasta medio grado de ancho. Está rodeada por un enjambre de cúmulos globulares. M87 cuenta, además, con un chorro visible en fotografías de exposición corta, un flujo de material eyectado desde la región que alberga un agujero negro supermasivo en el centro de la galaxia. El chorro es la fuente

M87   Virgo

M87 – Galaxia elíptica gigante   M

M87 es una galaxia elíptica gigante de magnitud 8,6, una de las galaxias más grandes del universo, situada a una distancia de 60 millones de años-luz en el centro del cúmulo de Virgo. Cerca de ella no hay estrellas brillantes y, por tanto, no resulta demasiado fácil de localizar. Esto se agrava, además, por el hecho de que está rodeada por otras galaxias, aunque algo menos brillantes. Cae

Derecha *Imagen del núcleo y el chorro de M87 tomada por el telescopio espacial Hubble. Los objetos de aspecto estelar que aparecen en el campo son, en realidad, cúmulos globulares semejantes a los de la Galaxia, como M13.*

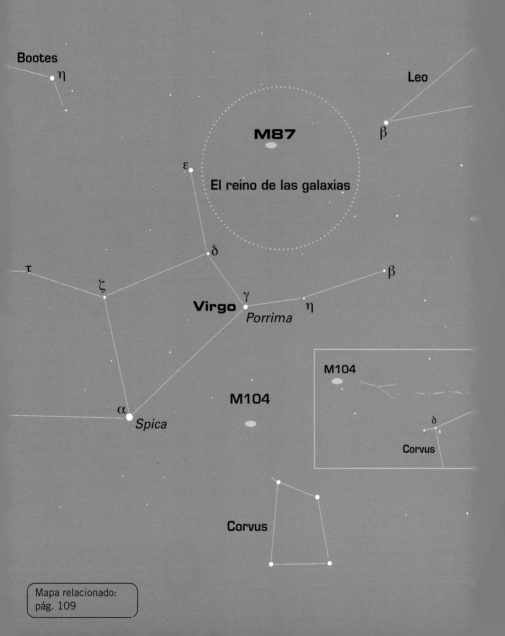

Bootes

η

Leo

β

M87

ε

El reino de las galaxias

δ

τ

ζ

γ

β

Virgo

η

Porrima

M104

M104

α

Spica

δ

Corvus

M104

Corvus

Mapa relacionado:
pág. 109

de una emisión de radio intensa, de ahí que M87 se considere una radiogalaxia y porte también el nombre de Virgo A.

M104　　　　　　　Virgo

Galaxia Sombrero • Galaxia espiral　　　　　　　M A

M104 es una galaxia espiral de tipo Sa y 8ª magnitud orientada casi de perfil. Las espirales de tipo Sa tienen un núcleo destacado rodeado por brazos espirales muy ceñidos. Tiene casi la misma declinación que la Espiga (Spica), de modo que esta estrella se centra en el campo del telescopio con un ocular de pocos aumentos, se fija el eje de declinación y se desplaza el telescopio hacia el oeste 45 minutos en ascensión recta (la AR se mide en tiempo: 45 minutos equivalen a 11,25°). También se accede a M104 moviendo el instrumento un campo del buscador hacia el norte y un poco al este desde delta (δ) Corvi. Además, una línea de estrellas de 7ª magnitud conduce hasta allí desde gamma (γ) Corvi hasta un asterismo en forma de flecha que apunta ligeramente al oeste de M104. (*Véase* recuadro dentro del mapa.) Como con todas las galaxias, se precisan cielos muy oscuros y transparentes para observarla bien. Con pocos aumentos se muestra como una pequeña mancha ovalada de luz. Con aumentos mayores, el núcleo brillante se torna más evidente y se ve atravesado por una banda oscura y prominente de polvo que es la que forma el ala del sombrero mexicano al que alude su nombre. M104 mide 9 por 4 minutos de arco y se cree que dista entre 50 y 60 millones de años-luz.

Virgo

Gamma Virginis o Porrima • Estrella doble　　　　　　　O A

Porrima es una estrella de magnitud 2,7 situada a 10° de la Espiga (Spica) sobre la línea recta que va desde esta estrella hasta beta (β) Leonis, la estrella que marca la cola del León. La imagen telescópica con grandes aumentos es pasmosa: un par de gemelas idénticas, ambas estrellas de tipo F, de color blanco y con una temperatura en superficie de unos 7.000 K, algo más alta que la del Sol. Situadas a 38 años-luz de distancia, son un 50 % más masivas que el Sol y tienen una luminosidad unas 4 veces mayor. Estas estrellas se orbitan con un período de 170 años y mantienen una distancia entre sí de 40 au, alrededor de la distancia que media entre Plutón y el Sol. Su separación angular en el firmamento alcanzó el mínimo en 2005, cuando se situaron a menos de 1 segundo de arco, lo que complicaba mucho resolverlas. Y, para lograrlo en los años siguientes, serán necesarias noches con una visibilidad excelente y ópticas telescópicas de primera calidad. No obstante, valdrá la pena observarlas año tras año para presenciar su separación gradual hasta que se sitúen a unos 2 segundos de arco hacia 2012. ¡Hay muy pocas estrellas dobles que permitan apreciar diferencias significativas en cuestión de pocos años! La separación máxima, de algo menos de seis segundos de arco, tendrá lugar alrededor de 2080.

Gamma: 12h 41,7m -1° 27'

OTRAS GALAXIAS DE MESSIER

En la región celeste que se halla dentro del círculo flanqueado por épsilon (ε) Virginis y beta (β) Leonis (señalado en el mapa) se detectarán muchísimas galaxias al observarla desde emplazamientos oscuros y con la vista bien adaptada. Si se examina con un telescopio con aumentos intermedios, se verán otras muchas galaxias del catálogo Messier que son, de norte a sur: M85, M100, M98, M91, M88, M99, M90, M86, M84, M89, M87, M58, M59, M60, M49 y M61.

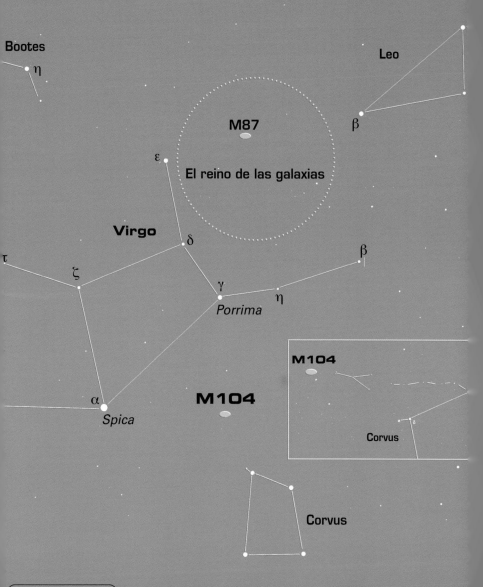

Bootes

η

Leo

M87

β

ε

El reino de las galaxias

Virgo

δ

τ

ζ

β

γ

η

Porrima

M104

M104

α

Spica

Corvus

M104

Corvus

Mapa relacionado:
pág. 109

Constelación de la
Zorra, Raposa

La Zorra es una constelación pequeña situada entre el Cisne (Cygnus) y la Lira (Lyra), al norte, y el Delfín (Delphinus), la Flecha (Sagitta) y el Águila (Aquila) por el sur. No cuenta con estrellas brillantes, pero sí alberga, en cambio, dos objetos de la A-List. Permanece alta en el cielo durante julio, agosto y septiembre.

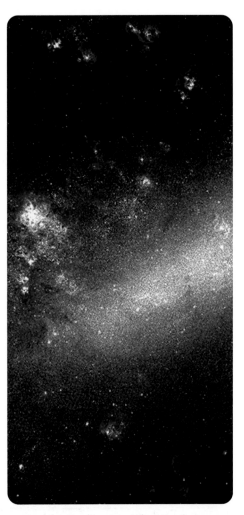

La Percha   Zorra

Cúmulo de la Percha • Cúmulo abierto o asterismo   P B

El cúmulo de la Percha, también llamado cúmulo de Brocchi, debe su nombre a que eso es exactamente lo que parece: ¡una percha! Para verlo con prismáticos desde el hemisferio norte, del revés (del derecho desde el sur), el mejor modo de localizarlo consiste en recorrer la Vía Láctea desde la brillante Altair, en el Águila (Aquila), en dirección a Vega, en la Lira (Lyra), pero sólo hasta un tercio de la distancia entre ambas estrellas. Se distingue con facilidad contra una región más oscura de la Vía Láctea denominada Grieta del Cisne. Consiste en una agrupación de unas 40 estrellas, aunque sólo alrededor de 6 de las más brillantes presentan movimientos propios comunes a través del espacio (lo que define a las estrellas pertenecientes a un cúmulo), de modo que sería mejor considerarla un asterismo, es decir, una figura casual de estrellas. Como subtiende 1° de cielo de ancho, se observa mejor a través de prismáticos o telescopios con pocos aumentos. Las dos gigantes rojas que forman parte del gancho crean un contraste de color precioso con las estrellas blancas de la barra de la percha.

M27   Zorra

Nebulosa de la Haltera • Nebulosa planetaria   P M

En 1762, Charles Messier descubrió el 27º objeto de su catálogo y lo describió como una nebulosa ovalada sin estrellas. Más tarde, John Herschel le asignó el nombre de nebulosa de la Haltera. Se trata de la primera nebulosa planetaria que se descubrió y el remanente de una estrella gigante que estalló al final de su existencia dejando tras de sí una nube de

Izquierda *Sección de la Nube Mayor de Magallanes que ilustra la nebulosa Tarántula, donde se observó una supernova en 1987 (véase pág. 142).*

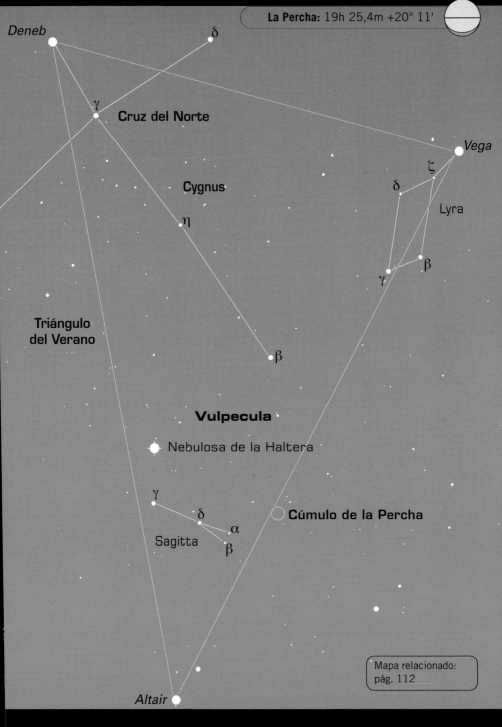

Deneb

δ

γ

Cruz del Norte

Cygnus

Vega

ζ

δ

Lyra

η

β

γ

**Triángulo
del Verano**

β

Vulpecula

Nebulosa de la Haltera

γ

δ

Cúmulo de la Percha

α

Sagitta

β

Altair

Mapa relacionado:
pág. 112

polvo y gas alrededor del rescoldo moribundo de su núcleo, lo que se denomina una estrella enana blanca del tamaño aproximado de la Tierra. Esta enana blanca tiene aún una temperatura extrema que ronda los 85.000 K y, por tanto, emite luz ultravioleta que excita la envoltura de gas circundante y la hace fulgurar. Como con todos los objetos nebulosos, se detecta mejor en cielos oscuros y transparentes. El modo más sencillo de localizarla consiste en buscar primero gamma (γ) Sagittae, la estrella de magnitud 3,5 que encabeza la punta del minúsculo triángulo achatado que conforma la Flecha (Sagitta). Esta estrella se halla justo 10° al norte de Altair en el Águila. Una vez localizada, si se sitúa γ Sagittae en la parte inferior del campo de visión de unos prismáticos o el buscador, y M27, situada 3° más al norte, aparecerá en el borde superior. (Desde el hemisferio sur hay que situar γ Sagittae arriba y buscar por abajo.) Esta nebulosa tiene un tamaño angular de 8 por 6 minutos de arco y magnitud 7,4, de modo que se aprecia como una mancha brillante con prismáticos de 8x40 o 10x50. Un telescopio con aumentos intermedios la revelará como una nebulosa alargada de figura semejante al corazón de una manzana, mientras que un telescopio de 200 mm o mayor mostrará con claridad la enana blanca central de magnitud 13,5. Su distancia, poco conocida, tal vez ascienda a 1.250 años-luz, y las mediciones del ritmo de expansión, unos 6,8 segundos de arco al siglo, le atribuyen una edad aproximada de tres o cuatro mil años.

Inferior *Nebulosa de la Haltera. La enana blanca central está rodeada por una envoltura de gas excitado que conforma una nebulosa planetaria.*

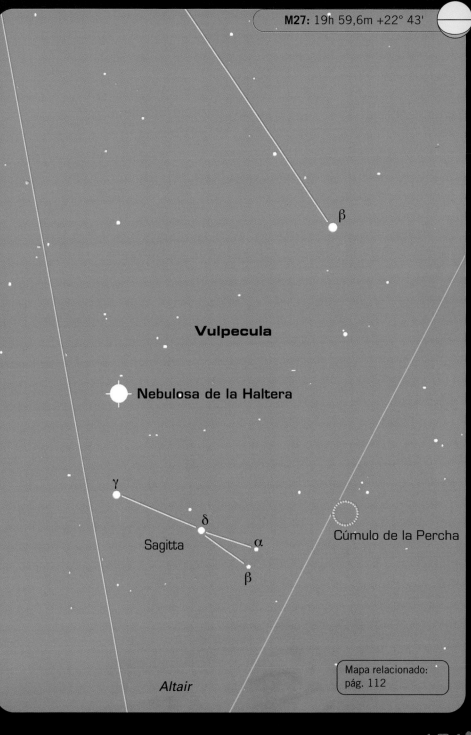

Vulpecula

Nebulosa de la Haltera

γ

δ

α

Sagitta

β

Cúmulo de la Percha

Altair

Mapa relacionado: pág. 112

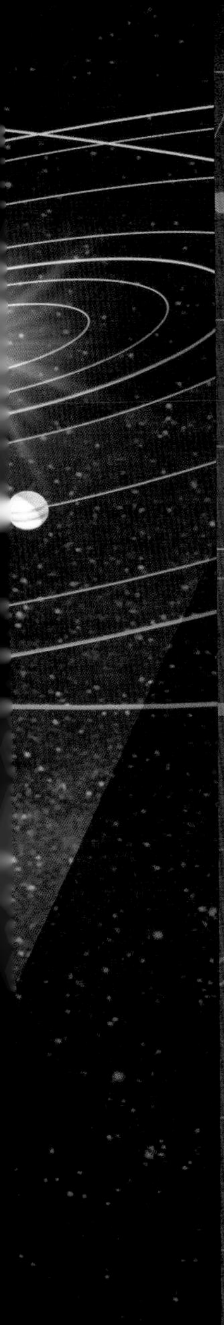

7

GLOSARIO
E ÍNDICE
ALFABÉTICO

Izquierda *Representación artística del Sistema Solar que ilustra la inclinación de la órbita de Plutón, con las principales órbitas interiores ampliadas en primer plano a la izquierda, donde Mercurio es el planeta más cercano al Sol, seguido por Venus, el sistema Tierra-Luna y Marte.*

Cenit Punto de la esfera celeste situado justo en la vertical del observador.

Cinturón de asteroides Franja de objetos rocosos que orbita alrededor del Sol, entre Marte y Júpiter.

Cuerpo negro Hipotético objeto «perfecto» que absorbe y reemite toda la energía que cae en él. La radiación de una estrella es aproximadamente la de un cuerpo negro.

Día sidéreo Longitud del día medida en relación con las estrellas; equivale a 23h 56,1 min.

Diagrama Hertzsprung-Russell Representación gráfica del brillo absoluto o luminosidad de las estrellas frente a sus colores o temperaturas. Este diagrama resulta de una utilidad extrema para describir la evolución de las estrellas de distinta masa a lo largo de sus vidas.

Eclíptica Recorrido del Sol por el cielo. La Luna y los planetas siempre permanecen cerca de la eclíptica. La banda de las constelaciones situadas sobre la eclíptica se denomina el zodíaco.

Efecto Doppler El movimiento de un objeto que se acerca o aleja del observador comprime o dilata las ondas de la radiación procedente de dicho objeto. Uno de sus efectos es que las líneas del espectro se desplazan hacia el rojo (desplazamiento hacia el rojo) si el objeto se aleja, o hacia el azul (desplazamiento hacia el azul) si se acerca.

Enana (blanca, roja) Estrella pequeña. Las enanas rojas son estrellas con una masa inferior a unas 0,5 masas solares. Pertenecen a la secuencia principal del diagrama Hertzsprung-Russell, y queman su hidrógeno con lentitud. El universo no tiene la antigüedad suficiente como para que ninguna enana roja haya evolucionado más allá de este estadio. Las enanas blancas son estrellas al final de una vida apasionante. Tienen una masa similar a la del Sol, pero su tamaño se asemeja más al de un planeta.

Equinoccio Literalmente significa «noche igual». Dos veces al año, en marzo y septiembre, el Sol atraviesa el ecuador celeste y el día y la noche duran lo mismo en todos los lugares de la Tierra.

Escala Kelvin de temperatura Escala cuyo punto cero equivale al «cero absoluto» (-273,15 °C), aquel donde cesa por completo el movimiento de todas las partículas. El intervalo de $1 K = 1$ °C $= 1,8$ °F, de modo que, por ejemplo, el punto de congelación del agua es 0 °C = 273,15 K = -32 °F.

Esfera celeste El cielo que nos rodea da la impresión de que ocupamos el centro de una esfera celeste hueca e inmensa. Al trazar una rejilla en esta esfera se obtienen las coordenadas celestes, como la ascensión recta (longitud) y la declinación (latitud).

Estrella variable La mayoría de las estrellas atraviesan fases evolutivas «variables» durante las cuales fluctúa la emisión de luz debido a pulsos o, tal vez, a explosiones. El brillo de un astro también puede fluctuar si orbita alrededor de otra estrella.

Estrellas de población I, II Clasificación por edad de las estrellas de una galaxia. La población I consiste en estrellas jóvenes, «ricas en metal» y que residen en los brazos espirales de una galaxia; la población II la forman objetos viejos y «pobres en metal» que se concentran en el halo de la galaxia.

Fase T Tauri Fase temprana en la vida de algunas estrellas en las que se tornan muy variables (*véase* estrella variable).

Luminosidad Brillo absoluto de un objeto.

Magnitud Brillo de un objeto celeste. La magnitud aparente es la que se aprecia desde la Tierra y la magnitud absoluta es la que tendría si se hallara a una distancia patrón. La magnitud visual es el brillo en la parte del espectro a la que es más sensible el ojo humano.

MATERIA OSCURA Un estudio del movimiento de las estrellas dentro de las galaxias revela que, según los efectos gravitatorios observados, las galaxias deberían albergar unas 10 veces más materia que la observable. Se desconoce la naturaleza de esta «masa perdida» y se la denomina materia oscura.

MEDIO INTERESTELAR Materia que reside entre las estrellas. Se trata de una mezcla formada en su mayoría por gas hidrógeno y «polvo», los restos de generaciones anteriores de estrellas.

MERIDIANO Línea imaginaria que va desde el punto norte hasta el punto sur del horizonte, pasando por el cenit.

MÍNIMO/MÁXIMO SOLAR Instantes relativos al ciclo de 11 años de actividad en la superficie del Sol.

MINUTO DE ARCO 1/60 de un grado de arco.

NOVA «Estrella nueva» que aparece en el cielo donde antes no se conocía ninguna estrella brillante.

OCULTACIÓN Fenómeno que tiene lugar cuando un objeto celeste pasa ante otro y bloquea su luz, ya sea toda o sólo en parte.

OPOSICIÓN Un planeta está en oposición cuando se sitúa justo en la parte del cielo opuesta al Sol.

PATRÓN DE LUMINOSIDAD Término que se aplica a los objetos cuyo brillo absoluto se conoce y, por tanto, se pueden usar para medir la distancia de sus vecinos cósmicos. Las estrellas variables llamadas cefeidas son un buen ejemplo de ello.

PLANETA INFERIOR/SUPERIOR Planeta cuya órbita alrededor del Sol reside dentro o fuera, respectivamente, de la órbita terrestre.

PLANETÉSIMO Uno de los bloques constitutivos de un planeta.

PRECESIÓN DE LOS EQUINOCCIOS El eje de la Tierra gira como una peonza y describe un círculo completo en el cielo cada 26.000 años. En el presente, el polo norte casi coincide con la estrella Polar (Polaris), pero, dentro de unos 12.000 años, caerá próximo a Vega, en la constelación de la Lira (Lyra).

RETRÓGRADO La mayoría de los planetas y sus satélites rotan en sentido levógiro vistos desde encima del polo norte. La rotación opuesta, en sentido dextrógiro, se dice que es retrógrada. Venus, Urano y Plutón siguen rotaciones retrógradas.

SECUENCIA PRINCIPAL Banda diagonal del diagrama Hertzsprung-Ru-

ssell que representa el período vital más largo de la evolución de las estrellas, cuando las estrellas de distintas masas queman el hidrógeno del núcleo.

SEGUNDO DE ARCO 1/60 de un minuto de arco.

SUPERNOVA Incremento repentino del brillo de una estrella en 10 magnitudes o más como resultado de una explosión descomunal (*véase* nova).

TEORÍA DE NEWTON Teoría simple que establece la existencia de una atracción mutua (o fuerza gravitatoria) entre dos cuerpos cualquiera cuya intensidad depende de la masa de los mismos y la distancia entre ellos.

TIPO ESPECTRAL Clasificación visual del aspecto del espectro de una estrella.

UNIDAD ASTRONÓMICA (AU) Distancia media entre la Tierra y el Sol, equivalente a 149.597.870.691 km, o unos 150 millones de km.

VELOCIDAD RADIAL Una medida de la velocidad de un objeto bien de acercamiento o bien de alejamiento del observador. *Véase* Efecto Doppler.

Índice

Índice

Constelación

Constelación			
Tucán (Tucana)	C106	47 Tucanae	NGC 104
Andrómeda (Andromeda)	M31	Galaxia de Andrómeda	NGC 224
Tucán (Tucana)	NMeM	Nube Menor de Magallanes	
Triángulo (Triangulum)	M33	Galaxia del Triángulo	NGC 598
Perseo (Perseus)	C14	η y ji (χ) Persei	Cúmulo Doble
Perseo (Perseus)	Algol	Beta (β) Persei	HD 19356
Tauro (Taurus)	M45	Pléyades	Siete Cabrillas
Tauro (Taurus)	C41	Híades	
Dorada (Dorado)	NMaM	Nube Mayor de Magallanes	
Tauro (Taurus)	M1	Nebulosa del Cangrejo	NGC 1952
Orión (Orion)	M42	Nebulosa de Orión	NGC 1976
Dorada (Dorado)	C103	30 Doradus	Nebulosa Tarántula
Auriga	M37	NGC 2099	
Géminis (Gemini)	M35	NGC 2168	
Can Mayor (Canis Major)	M41	NGC 2287	
Géminis (Gemini)	Cástor (Castor)	Alfa (α) Geminorum	HD 60178
Géminis (Gemini)	C39	Nebulosa del Esquimal	NGC 2392
Cáncer (Cancer)	M44	El Pesebre	La Colmena
Osa Mayor (Ursa Major)	M81	NGC 3031	
Osa Mayor (Ursa Major)	M82	NGC 3034	
Quilla (Carina)	C92	Eta (η) Carinae	NGC 3372 (nebulosa)
Leo	M95	NGC 3351	
Leo	M96	NGC 3368	
Leo	M65	NGC 3623	
Leo	M66	NGC 3627	
Cruz del Sur (Crux)	Acrux	Alfa (α) Crucis	HD 108248
Virgo	M87	NGC 4486	
Virgo	M104	Galaxia Sombrero	NGC 4594
Cruz del Sur (Crux)	C99	Saco de Carbón	
Cruz del Sur (Crux)	C94	Joyero	NGC 4755
Virgo	Porrima	Gamma (γ) Virginis	HD 110379
Osa Mayor (Ursa Major)	Mizar + Alcor	Dseda (ζ) + 80 Ursa Majoris	HD 116656/842
Centauro (Centaurus)	C77	Centaurus A	NGC 5128
Centauro (Centaurus)	C80	Omega (ω) Centauri	NGC 5139
Lebreles (Canes Venatici)	M51	Galaxia Remolino	NGC 5194/5
Centauro (Centaurus)	Alfa (α) Cen	Rigil Kentaurus	HD 128620
Hércules (Hercules)	M13	NGC 6205	
Escorpio (Scorpius)	C76	Joyero de Escorpio	NGC 6231
Hércules (Hercules)	M92	NGC 6341	
Escorpio (Scorpius)	M6	Cúmulo de la Mariposa	NGC 6405
Escorpio (Scorpius)	M7	Cúmulo de Tolomeo	NGC 6475
Sagitario (Sagittarius)	M20	Nebulosa Trífida	NGC 6514
Sagitario (Sagittarius)	M8	Nebulosa Laguna	NGC 6523
Sagitario (Sagittarius)	M17	Nebulosa del Cisne	Nebulosa Omega
Lira (Lyra)	Épsilon (ε) Lyrae	Doble doble	HD 173582/607
Lira (Lyra)	M57	Nebulosa Anular	NGC 6720
Zorra (Vulpecula)	La Percha	Cúmulo de Brocchi	Collinder 399
Cisne (Cygnus)	Albireo	Beta (β) Cygni	HD 183912
Águila (Aquila)	Eta (η) Aquilae	HD 187929	
Zorra (Vulpecula)	M27	Nebulosa de la Haltera	NGC 6853
Cisne (Cygnus)	C33/34	Nebulosa de los Encajes	NGC 6960/92/95
Pegaso (Pegasus)	M15	NGC 7078	
Pegaso (Pegasus)	51 Pegasi	HD 217014	

AR (2000) Dec			Magnitud	Distancia
00 24.1	-72 05	cúmulo globular	4	13 000
00 42.7	+41 16	galaxia espiral	3.4	2 900 000
00 52.7	-72 50	galaxia irregular		210–250 000
01 33.9	+30 39	galaxia espiral	5.7	3 000 000
02 20.5	+57 08	cúmulos abiertos gemelos	4 + 5	7300
03 08.2	+40 57	estrella binaria eclipsante	2.1 to 3.4	93
03 47.0	+24 07	cúmulo estelar abierto	2.9 (Alcíone)	400
04 26.9	+15 52	cúmulo estelar abierto	0.9 (Aldebarán)	150
05 23.6	-69 45	galaxia irregular		170–180 000
05 34.5	+22 01	remanente de supernova	8	6500
05 35.4	-05 27	nebulosa brillante	4	1600
05 38.6	-69 05	nebulosa + cúmulo	4	165–170 000
05 52.4	+32 33	cúmulo estelar abierto	6.2	4500
06 08.9	+24 20	cúmulo estelar abierto	5	2700
06 46.0	-20 44	cúmulo estelar abierto	4.5	2300
07 34.6	+31 53	sistema estelar múltiple	1.6	52
07 29.2	+20 55	nebulosa planetaria	~10	4000
08 40.1	+19 59	cúmulo estelar abierto	3	577
09 55.6	+69 04	galaxia espiral	6.8	12 000 000
09 55.8	+69 41	galaxia irregular	8.4	12 000 000
10 43.6	-59 52	nebulosa + estrella	6.2	>8000
10 44.0	+11 42	galaxia espiral barrada	9.7	38 000 000
10 46.8	+11 49	galaxia espiral	9.2	41 000 000
11 18.9	+13 05	galaxia espiral	9.3	35 000 000
11 20.1	+12 59	galaxia espiral	8.9	41 000 000
12 26.6	-63 06	estrella doble	0.8	320
12 30.8	+12 24	galaxia elíptica gigante	8.6	60 000 000
12 40.0	-11 37	galaxia espiral	8	50–60 000 000
12 52	-63 18	nebulosa oscura		2000
12 53.6	-60 21	cúmulo estelar abierto	4.2	7500
12 41.7	-01 27	estrella doble	2.7	38
13 23.9	+54 55	sistema estelar múltiple	2.3 + 4.0	80
13 25.5	-43 01	galaxia activa	7	10–16 000 000
13 26.8	-47 29	cúmulo estelar abierto	3.7	16,000
13 29.9	+47 12	galaxia espiral	8.4	15–30 000 000
14 39.6	-60 50	sistema estelar múltiple	-0.3	4.4
16 41.7	+36 28	cúmulo globular	5.8	25 000
16 54.2	-41 50	cúmulo estelar abierto	2.6	6000
17 17.1	+43 08	cúmulo globular	6.5	27 000
17 40.1	-32 13	cúmulo estelar abierto	4.2	1600
17 53.9	-34 49	cúmulo estelar abierto	3.3	800
18 02.6	-23 02	nebulosa brillante	8 to 9	5000
18 03.6	-24 23	nebulosa brillante	5	5200
18 20.8	-16 11	nebulosa brillante	6	5000
18 44.3	+39 40	sistema estelar múltiple	4.6 + 5.0	160
18 53.6	+33 02	nebulosa planetaria	8.8	2000
19 25.4	+20 11	asterismo/cúmulo abierto	3.6	420
19 30.7	+27 57	estrella doble	3.0 + 5.0	380
19 52.5	+01 00	estrella variable cefeida	3.7 to 4.5	1300
19 59.6	+22 43	nebulosa planetaria	7.3	1250
20 56.0	+31 43	remanente de supernova	~5	1400–2600
21 30.0	+12 10	cúmulo globular	6.2	37 000
22 57.5	+20 46	sistema planetario	5.5	50

AER   Astronomy Educational Review (aer.noao.edu)
BAL   The Bridgeman Art Library (A = Alinari; CP = Colección Privada; L = Lauros; PM = Philip Mould Historical Portraits Ltd. Londres; OG = Orlicka Galerie, Rychnov na Kneznou; S =The Stapleton Collection)
CI   Celestron International
FE   Dr Fred Espenak
GG   Gallo Images/gettyimages.com
G/M   GreatStock/Masterfile
GPL   Galaxy Picture Library (RS = Robin Scagell)
H   NASA/Hubblesite

ME   Mary Evans Picture Library
NA   Nick Aldridge
NASA   National Aeronautics and Space Administration (G = Galaxy)
O   Orion Telescopes
RMPL   Redferns Music Picture Library
SPL   Science Photo Library (DA = David P. Anderson; JB = Julian Baum; CB = Chris Butler; DAH = David A. Hardy; NOAO = National Optical Astronomy Observatories; JS = John Sanford; USGS = US Geological Survey)

contracubierta		NASA	46		CI	83	sd	NASA/G
guardas	inf	FE	47		FE	84	sd	BAL/S
1		NASA/G	48		ME	96	infi	AER
2–3		NA	51	si	O	100	infi	AER
4–5		SPL/CB	51	sd	O	103	infd	AER
6		NASA	52		O	114–115		FE
10	sd	GPL/RS	53		GPL/RS	116		SPL/NOAO
11	s	BAL/A	54	s	FE	118		NASA
	inf	BAL/L	54	inf	FE	119	inf	AER
13	si	BAL/PM	55	s	O	124	inf	NASA
	infi	BAL/PC	55	m	O	128	inf	NASA
14	si	BAL/OG	55	inf	O	130		NASA
15		FE	59		O	134		NASA
			64		NASA	138		H
16–17		G/M	64	inf	SPL/JS	142		AER
18		FE	67		NASA	147		NASA
20		SPL/JB	70		SPL/DS SMU/NASA	149		NASA
27	sd	SPL/NASA	71	s	NASA	150		H
32		SPL/DH	71	inf	SPL/NASA	152		H
33		H	73	inf	GPL	157		NASA
34		H	75	s	SPL/USGS	159		NASA
38		H	75	m	GPL/JPL	162	infi	AER
39		NASA	75	inf	GPL/JPL	162	infd	NASA
40		H	76	infd	SPL/NASA	168		NASA
41		H	79	sd	SPL/NASA	172		NASA
42		H	79	infi	GPL/JPL	174		NASA
43	s	FE	79	infd	NASA	178		NA
43	inf	H	81	sd	H	180		NASA
44		GG	82		GPL/JPL			

Ilustración de la página 68 de Stephen Dew